高含硫气田职工培训教材

高含硫气田硫化氢防护

熊良淦　康永华　孔令启　编著

中国石化出版社

内 容 提 要

本书详细介绍了普光分公司硫化氢防护技术的最新成果，日常生产作业中硫化氢防护遇到的问题和解决办法，是企业 HSE 管理水平的真实写照。本书适合高含硫化氢油气田及其他石油石化企业的管理人员和企业员工阅读使用。

图书在版编目（CIP）数据

高含硫气田硫化氢防护/熊良淦，康永华，孔令启编著．—北京：中国石化出版社，2014.5（2017.12 重印）
高含硫气田职工培训教材
ISBN 978-7-5114-2776-2

Ⅰ．①高…　Ⅱ．①熊…②康…③孔…　Ⅲ．①高含硫原油-气田开发-硫化氢-防护-职工培训-教材　Ⅳ．①TE38

中国版本图书馆 CIP 数据核字（2014）第 089363 号

中国石化出版社出版发行
地址：北京市朝阳区吉市口路 9 号
邮编：100020　电话：(010)59964500
发行部电话：(010)59964526
http://www.sinopec-press.com
E-mail：press@sinopec.com
北京科信印刷有限公司印刷
全国各地新华书店经销
*
787×1092 毫米 16 开本 8.75 印张 128 千字
2017 年 12 月第 1 版第 3 次印刷
定价：38.00 元

高含硫气田职工培训教材

序

2003年，中国石化在四川东北地区发现了迄今为止我国规模最大、丰度最高的特大型整装海相高含硫气田——普光气田。中原油田根据中国石化党组安排，毅然承担起了普光气田开发建设重任，抽调优秀技术管理人员，组织展开了进入新世纪后我国陆上油气田开发建设最大规模的一次“集团军会战”，建成了国内首座百亿立方米级的高含硫气田，并实现了安全平稳运行和科学高效开发。

普光气田主要包括普光主体、大湾区块（大湾气藏、毛坝气藏）、清溪场区块和双庙区块等，位于四川省宣汉县境内，具有高含硫化氢、高压、高产、埋藏深等特点。国内没有同类气田成功开发的经验可供借鉴，开发普光气田面临的是世界级难题，主要表现在三个方面：一是超深高含硫气田储层特征及渗流规律复杂，必须攻克少井高产高效开发的技术难题；二是高含硫化氢天然气腐蚀性极强，普通钢材几小时就会发生应力腐蚀开裂，必须攻克腐蚀防护技术难题；三是硫化氢浓度达1000ppm（$1ppm = 1 \times 10^{-6}$）就会致人瞬间死亡，普光气田高达150000ppm，必须攻克高含硫气田安全控制难题。

经过近七年艰苦卓绝的探索实践，普光气田开发建设取得了重大突破，攻克了新中国成立以来几代石油人努力探索的高含硫气田安全高效开发技术，实现了普光气田的安全高效开发，创新形成了“特大型超深高含硫气田安全高效开发技术”成果，并在普光气田实现了工业化应用，成为我国天然气工业的一大创举，使我国成为世界上少数几个掌握开发特大型超深高含硫气田核心技术的国家，对国家天然气发展战略产生了重要影响。形成的理论、技术、标准对推动我国乃至世界天然气工业的发展作出了重要贡献。作为普光气田开发建设的实践者，感到由衷的自豪和骄傲。

在普光气田开发实践中，中原油田普光分公司在高含硫气田开发、生产、集输以及HSE管理等方面取得了宝贵的经验，也建立了一系列的生产、技术、操作标准及规范。为了提高开发建设人员技术素质，2007年组织开发系统技术人员编制了高含硫气田职工培训实用教材。根据不断取得的新认识、新经验，先后于2009年、2010年组织进行了修订，在职工培训中发挥了重要作用；2012年组织进行了全面修订完善，形成了系列《高含硫气田职工培训教材》。这套教材是几年来普光气田开发、建设、攻关、探索、实践的总结，是广大技术工作者集体智慧的结晶，具有很强的实践性、实用性和一定的理论性、思想性。该教材的编著和出版，填补了国内高含硫气田职工培训教材的空白，对提高员工理论素养、知识水平和业务能力，进而保障、指导高含硫气田安全高效开发具有重要的意义。

随着气田开发的不断推进、深入，新的技术问题还会不断出现，高含硫气田开发和安全生产运行技术还需要不断完善、丰富，广大技术人员要紧密结合高含硫气田开发的新变化、新进展、新情况，不断探索新规律，不断解决新问题，不断积累新经验，进一步完善教材，丰富内涵，为提升职工整体素质奠定基础，为实现普光气田“安、稳、长、满、优”开发，中原油田持续有效和谐发展，中国石化打造上游“长板”作出新的、更大的贡献。

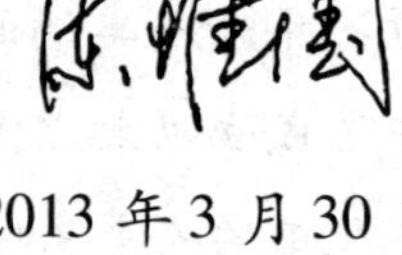

2013年3月30日

前　言

普光气田是我国已发现的最大规模海相整装气田，具有储量丰度高、气藏压力高、硫化氢含量高、气藏埋藏深等特点。普光气田的开发建设，国内外没有现成的理论基础、工程技术、配套装备、施工经验等可供借鉴。决定了普光气田的安全优质开发面临一系列世界级难题。中原油田普光分公司作为直接管理者和操作者，克服困难、积极进取，消化吸收了国内外先进技术和科研成果，在普光气田开发建设、生产运营中不断总结，逐步积累了一套较为成熟的高含硫气田开发运营与安全管理的经验。为了固化、传承、推广好做法，夯实安全培训管理基础，填补高含硫气田开发运营和安全管理领域培训教材的空白，根据气田生产开发实际，组织技术人员，以建立中国石化高含硫气田安全培训规范教材为目标，在已有自编教材的基础上，在已有自编教材的基础上，编著、修订了《高含硫气田职工培训教材》系列丛书，该丛书包括《高含硫气田安全工程》《高含硫气田采气集输》《高含硫气田净化回收》《高含硫气田应急救援》，总编陈惟国。其中，《高含硫气田安全工程》培训教材包含《高含硫气田 HSE 管理》《高含硫气田硫化氢防护》《高含硫气田采气井控》三本，每本教材单独成册。

《高含硫气田硫化氢防护》为《高含硫气田安全工程》培训教材中的一本，理论基础与操作技能并重，内容与国标、行标、企标的要求一致，贴近现场操作规范，具有较强的适应性、先进性和规范性，可以作为高含硫气田职工安全培训使用，也可以为高含硫气田开发研究、教学、科研提供参考。本册教材由熊良淦、康永华、孔令启编著。

内容共分7章，涵盖了硫化氢防护基础知识，硫化氢防护设备的操作使用，硫化氢对设备的腐蚀与防治，防硫化氢应急演练等，第1章由马洲、孙广义编写，第2章由夏焕生、苗玉强编写，第3章由许辽辉、陈琳编写，第4章由程虎、刘建云编写，第5章由荣林、樊营编写，第6章由卞莲芳、赵谦编写，第7章由张世杰、杨大静编写。本教材由苗玉强统稿。参加编审的人员还有李国平、朱文江、时冲锋、洪祥、肖斌、姚建松、周培立等。

在本教材编著过程中，各级领导给予了高度重视和大力支持，陈惟国同志对做好教材编著工作多次作出指导，熊良淦、张庆生、廖家汉、邵理云、臧磊、张分电、焦玉清、苗辉对教材进行了审定，普光分公司多位管理专家、技术骨干、技能操作能手为教材的编审修订贡献了智慧，付出了辛勤的劳动，编审工作还得到了中原油田培训中心的大力支持，中国石化出版社对教材的编审和出版工作给予了热情帮助，在此一并表示感谢!

高含硫气田开发生产尚处于起步阶段，安全管理经验方面还需要不断积累完善，恳请在使用过程中多提宝贵意见，为进一步完善、修订教材提供借鉴。

目　　录

第1章 认识硫化氢

1.1 硫化氢的基本性质

硫化氢是一种无色、剧毒、易燃易爆的酸性气体。一个硫化氢分子由两个氢原子和一个硫原子组成，俗称氢硫酸。掌握它的物理性质和化学性质，是我们在工作中做好硫化氢防护的基础。

1.1.1 硫化氢的物理性质

硫化氢又名氢二硫，其水溶液称氢硫酸，其物理特性如下。

1.1.1.1 剧毒性

硫化氢毒性是一氧化碳毒性的 5 ~ 6 倍，几乎与氰化物毒性相同（中毒症状为头痛、头晕、恶心、昏迷、死亡）。

1.1.1.2 状态

硫化氢的自燃点 260℃，熔点 -80℃，沸点 -60℃，因此通常都是气态的，密度比空气略大。标准状况下硫化氢的密度 = 34g/22.4L = 1.52g/L（或相对密度 1.189），硫化氢易向地势低的地方聚集。发现硫化氢泄漏，要择机逃往上风方向、地势较高的地方。

1.1.1.3 色和味

硫化氢气体无色。低浓度（0.13 ~ 4.6ppm）时，呈臭鸡蛋味；高含量时，人的嗅觉神经会很快被麻痹而失去知觉。因此凭嗅觉检测硫化氢是不允许的。

1.1.1.4 可溶性

硫化氢气体能溶于水、乙醇、甘油等液体，常温时 1 体积水能溶解 2.6 体积的硫化氢，液体流动、减压、加热都能挥发出硫化氢气体。作业时应特别注意，避免硫化氢中毒。

1.1.2 硫化氢的化学性质

硫化氢的分子式为 H_2S，相对分子质量为34.08，具有以下化学性质。

1.1.2.1 可燃性（在空气中自燃温度260℃）

（1）完全燃烧：

$$2H_2S + 3O_2 \xlongequal{\text{点燃}} 2H_2O + 2SO_2$$

H_2S 点燃，呈淡蓝色火焰，生成有毒的二氧化硫气体。

（2）不完全燃烧：

$$2H_2S + O_2 \xlongequal{\text{点燃供氧不足}} 2H_2O + 2S$$

（3）爆炸极限：

可燃物质（可燃气体、蒸气和粉尘）与空气（或氧气）必须在一定的浓度范围内均匀混合形成预混气，遇着火源才会发生爆炸，这个浓度范围称为爆炸极限。硫化氢的爆炸极限是4.3%～46%，硫化氢在这个浓度范围，遇到着火源就会发生爆炸。其他气体的爆炸极限如表1－1－1所示。

表1－1－1 几种气体的爆炸极限比较

气体的爆炸极限（20℃及1atm下）					
物质名称	爆炸极限/%（体积）		物质名称	爆炸极限/%（体积）	
	下限	上限		下限	上限
甲烷	5.00	15.00	乙烯	2.75	28.60
乙烷	3.22	12.45	乙炔	2.50	80.00
丙烷	2.37	9.50	氢	4.00	74.20
丁烷	1.86	8.41	硫化氢	4.30	45.50

1.1.2.2 还原性

$$2H_2S + SO_2 = 2H_2O + 3S\downarrow$$

氧化产物和还原产物的质量比是2:1。硫化氢上述可燃性与还原性的反应，事实上就是净化厂克劳斯炉中的主反应。

1.1.2.3 腐蚀性

硫化氢溶于水形成弱酸，对金属的腐蚀有电化学失重腐蚀、氢脆、硫化物应力腐蚀开裂。氢脆破坏往往造成井下管柱的突然断落，地面管汇和仪表的爆裂、井口装置的破坏，导致严重的井喷失控或火灾、爆炸事故。电化学失重腐蚀是钢材在湿硫化氢环境中易引发腐蚀破坏，对金属设备和输送管道造成强烈腐蚀。

硫化氢加速非金属材料老化，地面集输工程的设备、阀门很多是橡胶、侵油石墨、石棉绳等非金属材料制作的密封件，在硫化氢环境中使用一段时间后，橡胶会鼓泡、胀大失去弹性，侵油石墨、石棉绳上的油被溶解从而失效。

1.1.2.4 不稳定性

硫化氢在较高温度时，分解成氢气和硫 。

$$H_2S \xlongequal{\text{高温}} H_2 + S$$

1.1.3 硫化氢对人体的危害

1.1.3.1 硫化氢具有很强的毒性

硫化氢主要通过呼吸系统、少量经过皮肤和消化道吸收进入人体并参与人体的新陈代谢对人体造成伤害。硫化氢是一种神经性毒素，可与人体内部某些酶发生作用，抑制细胞呼吸，造成组织缺氧。也会与血液中溶解的氧发生化学反应，当硫化氢的量较大时会引起神经麻痹，使人体器官严重缺氧，造成中毒甚至死亡。具体影响及危害如表1-1-2所示。

表 1-1-2　硫化氢对人的生理影响及危害

在空气中的浓度			暴露于硫化氢的典型特性
%（V）	ppm	mg/m^3	
0.000013	0.13	0.18	通常，在大气中含量为 0.195mg/m^3（0.13ppm）时，有明显和令人讨厌的气味，在大气中含量为 6.9mg/m^3（4.6ppm）时就相当显而易见，随着浓度增加，嗅觉就会疲劳，气体不再能通过气味来辨别
0.001	10	15	有令人讨厌气味；眼睛可能受刺激。美国政府工业卫生专家协会推荐的阈限值（8h 加权平均值）； 我国规定几乎所有工作人员长期暴露都不会产生不利影响的最大硫化氢浓度
0.0015	15	21.61	美国政府工业卫生专家联合会推荐的 15min 短期暴露范围平均值
0.002	20	30	在暴露 1h 或更长时间后，眼睛有烧灼感，呼吸道受到刺激，美国职业安全和健康局的可接受受上限值。工作人员在露天安全工作 8h 可接受的硫化氢最高浓度
0.005	50	72.07	暴露 15min 或 15min 以上的时间后嗅觉就会丧失，如果时间超过 1 小时，可能导致头痛、头晕和（或）摇晃。超过 75mg/m^3（50ppm）将会出现肺浮肿，也会对人员的眼睛产生严重刺激或伤害
0.01	100	150	3～15min 就会出现咳嗽、眼睛受刺激和失去嗅觉，5～20min 过后，呼吸就会变样、眼睛就会疼痛并昏昏欲睡，1h 后就会刺激喉道，延长暴露时间将逐渐加重这些症状。我国规定对工作人员生命和健康产生不可逆转的或延迟性的影响的硫化氢浓度
0.03	300	432.40	明显的结膜炎和呼吸道刺激。 注：此浓度拟定为立即危害生命或健康，参见（美国）国家职业安全和健康学会 DHHS No 85-114《化学危险袖珍指南》
0.05	500	720.49	短期暴露后就会不省人事，如不迅速处理就会停止呼吸、头晕、失去理智和平衡感。患者需要迅速进行人工呼吸和（或）心肺复苏技术
0.07	700	1008.55	意识快速丧失，如果不迅速营救，呼吸就会停止并导致死亡。必须立即采取人工呼吸和（或）心肺复苏技术
0.10+	1000+	1440.98+	立即丧失知觉，结果将会产生永久性的脑伤害或脑死亡。必须迅速进行营救，应用人工呼吸和（或）心肺复苏技术

注：表中数据来源于《含硫化氢油气井安全钻井推荐作法》（SY/T 5087—2005）。

1.1.3.2　高含硫化氢气田应急响应

《含硫化氢油气井安全钻井推荐作法》（SY/T 5087—2009）所推荐的一种钻井应急响应程序，目前广泛地运用于钻井施工作业中的应急管理。该标准大量吸收了美国钻井应急管理的理念和普遍作法，特别是完全引用了 API 推荐的这一应急程序。因此，此应急程序可以说是国际上钻井应急管理的通行做法，具体程序如下。

（1）硫化氢浓度达到 $15mg/m^3$（10ppm）时，按如下程序启动应急程序：

——立即安排专人观察风向、风速，以便确定受侵害的危险区；

——切断危险区的不防爆电器的电源；

——安排专人佩戴正压式空气呼吸器到危险区检查泄漏点；

——非作业人员撤入安全区。

（2）硫化氢浓度达到 $30mg/m^3$（20ppm）时，按如下程序启动应急程序：

——戴上正压式空气呼吸器；

——向上级（第一责任人及授权人）报告；

——指派专人至少在主要下风口 100m、500m、1000m 处进行硫化氢监测。需要时监测点可适当加密；

——实施井控程序，控制硫化氢泄漏源；

——撤离现场的非应急人员；

——清点现场人员；

——切断作业现场可能的着火源；

——通知救援机构。

（3）发生井喷失控时，按下列程序立即执行：

——由现场总负责人或其指定人员向当地政府报告，协助当地政府做好井口 500m 范围内居民的疏散工作，并根据监测结果，决定是否扩大疏散范围；

——关停生产设施；

——设立警戒区，任何人未经许可不得入内；

——请求援助并立即点火。

（4）井喷失控且硫化氢浓度达 $150mg/m^3$（100ppm）时，现场作业人员应按预案立即撤离井场。现场总负责人应按应急预案的通讯表通知其他有关机构和相关人员（包括政府有关负责人）。由施工作业单位和油气生产经营单位按相关规定分别向其上级主管部门报告。

（5）重新控制井口，在采取控制和消除措施后，继续监测危险区大气中的硫化氢及 SO_2 浓度，以确定在什么时候方能重新安全进入。

1.2 硫化氢的来源及易出现场所

1.2.1 硫化氢生成机理

硫化氢是硫原子和氢原子结合而成的气体。硫和氢都存在于动、植物的机体中，在高温、高压及细菌作用下，有机物分解可产生硫化氢。此外，某些化学反应和蛋白质在缺氧情况下分解也可产生硫化氢。例如，在工业生产作业中，含硫石油的开采和提炼，天然气开采和净化，采矿和从矿石中提炼铜、镍、钴等，煤的低温焦化，橡胶、人造丝、鞣革、硫化染料、造纸、颜料、菜腌渍、甜菜制糖、动物胶等生产均可产生硫化氢；开挖整治沼泽地、沟渠、水井、下水道、潜涵、隧道、垃圾、污物、粪便囤积处以及分析化验室的化学实验有硫化氢产生；火山喷气和矿下积水，也常有硫化氢存在。世界卫生组织资料显示，全世界有70 多个职业都会遇到硫化氢。而在天然气开发气井中硫化氢主要来源于以下几个方面：

（1）热作用于油气层时，油气中的有机硫化物分解，产生出硫化氢；

（2）石油中的烃类和有机质通过储集层水中的硫酸盐的高温还原作用而产生硫化氢；

（3）通过裂缝等通道，下部地层中硫酸盐层的硫化氢上窜而来；

（4）油气井钻井作业中，钻井液处理剂在高温热分解作用下产生硫化氢；

（5）注水过程中，注入液体中的硫酸盐被细菌及微生物分解后对地层产生硫化氢。

1.2.2 天然气气藏分类

硫化氢气田在区域分布上，多存在于碳酸盐岩 - 蒸发岩地层中，其含量随地层埋深增加而增大。根据我国含硫气藏的划分标准（SY/T 6168—1995），将含硫气藏场分为 5 类。

（1）微含硫化氢：H_2S 体积含量小于 0.0013%。

（2）低含硫化氢：：H_2S 体积含量为 0.0013% ~0.3%。

（3）中含硫化氢气藏：H_2S 含量为 0.3% ~2%。

（4）高含硫化氢气藏：H_2S 含量为 2% ~10%。

（5）特高含硫化氢气藏：H_2S 含量为 10% 以上。

普光气田硫化氢含量很高，属于特高含硫化氢气藏，多数气井硫化氢含量在 14% ~18% 之间。

1.2.3 硫化氢易出现的地方

1.2.3.1 钻井作业现场

含硫气田钻井时硫化氢主要存在于循环罐、振动筛、过浆槽、井口和钻台等地方。

1.2.3.2 修井作业现场

修井作业现场的硫化氢主要存在于装载场所、调整或维修仪表、循环罐、油罐、储浆罐等处。

1.2.3.3 油气集输现场

油气集输现场的硫化氢主要存在于增压间、计量站、水、油或乳剂的储藏罐；用来分离油和水、乳化剂和水的分离器；空气干燥器；输送装置、集油罐及其管道系统；用来燃烧酸气的放空池和放空管汇等地方。

1.2.3.4 天然气净化厂油气炼化现场

炼化现场的硫化氢主要存在于密封件、连接件、法兰、处理装置包括冷凝装置、排泄系统、取样凡尔及其他破裂部位等。

1.2.3.5 普光气田防范硫化氢的重点场所

普光气田生产设施及配套设施所在区域都可能出现硫化氢泄漏，以下场所更常见：井口或井眼内；管线中；储液罐；采气设施（树）；酸液溅落处；水池或低洼处。采气厂各集气站方井池、赵家坝污水处理厂、403 污水站等；天然气净化厂脱硫区、硫磺回收区、放空排污区等；管道集输的计量站、BV 阀室、增压间等都是硫化氢易出现的地方。

注意：硫化氢在普光气田作业现场或净化厂厂区都可能发现。许多原来没有硫化氢的现场，作业后期或作业过程中也会有硫化氢产生。

1.2.4 高含硫气田安全防护距离

普光气田集输管道、集气站、净化厂以 100m、300m、800m 为公共安全防护距离，该距离的设置是综合考虑气体泄漏监测、紧急关断等安全保障措施，同时参考加拿大 EUB 标准而设计。该距离简称为“138”安全防护距离。

天然气净化装置安全距离执行《石油天然气工程设计防火规范》（GB 50183—2004）标准。遵循的原则：符合项目总体规划要求，严格执行国家现行的标准规范，充分利用场地条件及外部条件，因地制宜进行布置。考虑风向、朝向、自然坡度，合理划分功能区，满足工艺流程、安全卫生、环境保护、交通运输、消防等需要。

厂地西高东低，按标高分为 3 个台地，第 1 台地的东侧是厂前区，中间一块条地由南向北依次布置 3 组联合装置，联合装置之间的距离为 40m。西侧布置 35kV 分变电站（二）、循环水场、污水处理厂。第二台地比第一台地高 5m，布置 5 组联合装置，由南向北依次布置，联合装置之间的距离同样为 40m。第三台地比第二台地高 2.5 ~ 8.5m，布置硫磺成型、储存、运输设施。

生产装置分两列布置在不同标高的厂地上，并且中间布置了 35kV 分变电站、循环水场、污水处理厂，加宽了装置之间的安全防护距离（净距 200m），以防止连环爆炸事故的发生。

目前，高含硫天然气净化厂公共安全防护距离，含硫天然气气井公共安全防护距离依据（SY/T6781 - 2010）标准设置；含硫气田气井和净化厂安全防护距离依据（AQ2018－2008）标准设置。

1.3　硫化氢浓度的计量单位与防护

1.3.1　硫化氢浓度的计量单位和警示标志

1.3.1.1　体积比浓度（ppm）

硫化氢体积占比百万分之一（1%的硫化氢气体对应于10000ppm）。

1.3.1.2　质量比浓度（mg/m^3）

单位体积内硫化氢的质量。

两个浓度的换算关系：1ppm ＝1.5mg/m^3。

1.3.1.3　硫化氢警示标志（SY/T5087－2005 规定）（表 1－3－1）

表 1－3－1　硫化氢警示标志

硫化氢的浓度	警示标志
＜10ppm（15mg/m^3）	绿牌或亮绿灯
10～20ppm（15～30mg/m^3）	黄牌或亮黄灯
＞20ppm（30mg/m^3）	红牌或亮红灯

1.3.1.4　硫化氢泄漏撤离原则

撤离原则：背离泄漏源沿上风向或垂直风向或与风向成45°方向撤离。

撤离路线应根据风向和实际地形特点，选择逃生路线。如果本区域内设有逃生路线，一旦硫化氢泄漏，按照设计路线迅速撤离。

1.3.2　硫化氢的几个关键浓度

1.3.2.1　阈限值

几乎所有工作人员长期暴露都不会产生不利影响的某种有毒物质在空气中的最大浓度。硫化氢的阈限值为15mg/m^3（10ppm），二氧化硫的阈限值为5.4mg/m³（2ppm）。

1.3.2.2　安全临界浓度

安全临界浓度通常被认为空气中允许的浓度，工作人员在露天场所工作8h可接受的某种有害气体最高浓度。一般不会对人体造成伤害，只有个别敏感的人，才会出现不适。硫化氢的安全临界浓度为30mg/m³（20ppm）。

1.3.2.3　危险临界浓度

危险临界浓度在一定时间内，如果吸入此浓度的气体可以导致人员死亡的浓度。硫化氢的危险临界浓度为150mg/m³（100ppm）。

1.3.2.4　其他几个应了解的浓度

（1）300ppm（423.4mg/m³）给人造成明显的结膜炎和呼吸道刺激，美国职业安全和健康学会曾考虑定义为“立即危害生命健康浓度”。

（2）500ppm（720.5mg/m³）短期暴露便会使人不省人事，不迅速处理就会停止呼吸。

（3）700ppm（1008.6mg/m³）导致人员意识快速丧失，不迅速营救，呼吸停止并导致死亡。

（4）1000ppm（1441mg/m³）导致人员立即丧失知觉，产生永久的脑伤害或脑死亡。

1.3.3　硫化氢现场预防的措施

1.3.3.1　生产中硫化氢的预防措施

（1）产生硫化氢的生产设备应尽量严格密闭，并设置泄漏浓度自动报警。

（2）对含有硫化氢的废水、废气、废渣要进行净化处理，达到排放标准后方可处置（废水回注、废气焚烧、废渣掩埋等）。

（3）进入可能存在硫化氢的密闭容器、坑、窑、地沟等工作场所，应首先测定该场所空气中的硫化氢浓度，采取通风措施，确认安全后方可操作。

（4）硫化氢作业环境空气中，硫化氢浓度要定期测定。

（5）操作时做好个人防护措施，戴好防毒面具，作业工人腰间缚以救护带或绳子，做好互保，要 2 人以上人员在场，发生异常情况立即先自保再救人。

（6）患有肝炎、肾病、气管炎的人员不得从事接触硫化氢的工作。

（7）加强对职工有关专业知识的培训，提高自我防护意识。

1.3.3.2　普光分公司防护硫化氢做法

（1）硫化氢安全培训。

进入有潜在硫化氢泄漏的工作场所（以前简称涉硫场所）的人员首先必须取得《硫化氢防护证书》。

进入涉硫场所，操作人员应充分认识硫化氢对人身安全的危害性，并从防止泄漏及泄漏后的应急措施两方面来保护作业人员的安全。

含硫化氢环境中的作业人员上岗前都应接受硫化氢危害及人身防护措施的培训，经考核合格后方能持证上岗。首次培训时间不得少于 15h，每两年复训一次，复训时间不得少于 6h。

主要培训内容：

① 硫化氢和二氧化硫的毒性、特点和性质；

② 硫化氢和二氧化硫的来源；

③ 在工作场所正确使用硫化氢和二氧化硫检测设备的方法；

④ 对现场硫化氢和二氧化硫检测系统发出的报警信号及时判明并作出正确响应；

⑤ 暴露于硫化氢的症状或暴露于二氧化硫的症状；

⑥ 硫化氢和二氧化硫泄漏造成中毒的现场救援和紧急处理措施；

⑦ 正确使用和维护呼吸设备以便能在含硫化氢和二氧化硫的空气中工作（理论和熟练的实际操作）；

⑧ 已建立的保护人员免受硫化氢和二氧化硫危害的工作场所的作法和相关维护程序；

⑨ 放喷或放空点火时，应对二氧化硫的扩散浓度进行监测；

⑩ 风向的辨别和疏散路线；

⑪ 受限空间和密闭设施进入程序；

⑫ 为该设施或作业制订的紧急响应程序；

⑬ 安全设备的位置和使用方法；

⑭ 紧急集合的地点。

另外，现场监督人员还需要增加以下培训内容：应急预案中监督人员的责任和对硫化氢处理系统的影响，如腐蚀、变脆等；来访者和其他临时指派人员进入井站之前，必须进行安全告知，安全告知包括出口路线、紧急集合区域、所用报警信号以及紧急情况的响应措施以及个人防护设备的使用等；所有培训课程的日期、指导人、参加人及主题都应形成文件并记录，其记录至少保留两年。

（2）硫化氢监测与防护。

① 作业人员巡检时要佩戴便携式硫化氢检测仪，第 1 级预警阈值要设置为 15mg/m^3（或 10ppm），第 2 级报警阈值要设置为 30mg/m^3（或 20ppm），进入上述区域应注意是否有报警信号。

② 作业人员检修和抢险作业时，要携带硫化氢检测仪和佩戴正压式空气呼吸器。

③ 当监测到空气中硫化氢的浓度达到报警阈值时，必须迅速打开排风扇，疏散下风向人员，作业人员要戴上防护用具，进入紧急状态，立即实施应急方案。

④ 作业环境应设置风向标。

⑤ 硫化氢监测报警仪应按 SY/T 6137－2005 和 SY/T 6277－2005 定期校验。

1.3.3.3　采气厂硫化氢防护安全管理规定

（1）高含硫天然气集输生产管理与操作人员都必须持证上岗，并要有严格的岗位责任制，定岗定员；必须要求每个上岗人员明确自己的管理与操作责任、违规将造成的严重后果等。各级人员都应有明确的权利、义务和责任。

（2）现场操作人员操作时应严格执行操作规程，关键设备的操作步骤应挂牌到实际操作现场，并要有严格的操作记录，每日的操作记录应有档案可查并报送上级主管部门。

（3）建立明确的奖惩制度，对工作责任心强、执行操作规程熟练、处理应急事故及时、安全的操作人员，定期评比、予以奖励。

（4）高含硫气井投产前应编制气井与管线事故状态时的应急预案，并对操作人员进行全面培训，必须熟练掌握。进行应急演练。同时，还应对管线所经过范围的居民进行硫化氢防范教育，使他们在发生事故后能正确、安全地保护自己并迅速撤离现场。

（5）高含硫设备检修前，必须编制检修和施工作业方案，同时实行许可证制度，必须在方案批复和获得许可后，方能进行检修和施工作业。在进行清管操作和容器内检修作业时，检修作业人员必须佩戴正压式空气呼吸器。

（6）加大巡线频率，特别是穿（跨）越河流、山体滑坡等敏感地段及人员活动频繁地区，发现问题应及时汇报，提高巡线的有效性。设置报警电话，当地居民发现问题后能及时通知作业区和当地政府。

（7）定期开展管道腐蚀检测评价，特别是裂纹腐蚀检测评价，确保工程设施在腐蚀泄漏事故发生前能及时发现、整改。

（8）供气装置的空气压缩机应置于上风侧（或使用压缩空气钢瓶）。重点监测区应设醒目标志，在进入重点作业区巡检时，应佩戴硫化氢监测仪和正压式空气呼吸器，至少两人同行，一人作业，一人监护。

（9）当硫化氢在空气中的浓度达到 10ppm 报警时，作业人员要检查泄漏点，准备防护用具；当在空气中的浓度达到 20ppm 报警时，迅速打开防爆排风扇，疏散下风向人员。作业人员要戴上防护用具，禁止动用电、气焊，抢救人员并进入戒备状态，查明泄漏原因，迅速采取措施，控制泄漏，向上级报告情况。

（10）高含硫化氢作业环境应配置有以下防护装备：

① 消防灭火车辆及灭火器具；

② 便携式硫化氢监测报警仪；

③ 固定安装式硫化氢监测报警装置；

④ 空气压缩机及储气钢瓶；

⑤ 车载式大容量储气钢瓶；

⑥ 正压式空气呼吸器（瓶装式）、正压式空气呼吸器（长管式）；

⑦ 防爆排风扇；

⑧ 常用硫化氢急性中毒的医疗药品及器具、救护车辆；

⑨ 瓶装压缩空气要经常更换，并保证压缩空气质量符合卫生指标要求。

（11）根据地面工程的特点和国家有关事故应急预案编制导则，制定集输管道、集输站场等典型事故应急预案，并定期组织演练，同时根据实际情况进行更新。

1.3.3.4 净化厂硫化氢防护安全管理规定

(1) 凡进入硫化氢环境的人员均应接受硫化氢防护教育培训，教育培训内容包括：硫化氢的基本毒性及防护知识、有关安全操作规程和作业管理规定、硫化氢监测仪器及防护设备的使用和管理规定、作业区内硫化氢的分布、急性硫化氢中毒的急救措施等，经考试合格，取得硫化氢防护证。

(2) 进入含硫化氢环境作业应佩戴便携式硫化氢监测报警仪。

(3) 禁止任何人不佩戴合适的防护器具进入可能发生硫化氢泄漏的区域，禁止在有毒区域内脱卸气防用具。

(4) 检修期间，各单位应每天对硫化氢防护器具进行检查，发现失效、压力不够、零部件损坏或软管老化等问题应及时送检或更换。

(5) 可能发生硫化氢中毒的作业场所，在没有适当防护措施的情况下任何单位和个人不得强制作业人员进行作业，同时作业人员有权拒绝进行作业，并可直接向净化厂 HSE 办公室报告。

(6) 现场有毒气体监测仪器报警时，现场监护人应疏散下风向检修人员，佩戴防护用具并检查泄漏点，禁止一切动火作业，应急人员进入戒备状态。

(7) 严禁将含有硫化氢等有毒介质的液体、气体明排或放空。

(8) 含有硫化氢介质的机泵、仪表检修时，生产操作人员和维修人员一起到现场，关闭相关阀门，用新鲜水置换，排尽介质，确认无内漏后方可作业，并实行全过程监督。

(9) 凡进入含有硫化氢介质的设备前，应切断一切物料，彻底冲洗、吹扫、置换、加好盲板，经化验站取样分析有毒有害物质、氧浓度合格（表述要清楚，有准确的数据），落实安全防护措施后，办理《进入受限空间作业许可证》，在安全监护人员的监督下方可进入作业。

(10) 原则上不允许进入工业下水道（井）、污水井、密闭容器等危险场所作业；特殊情况必须作业时，应办理《进入受限空间作业许可证》，按程序批准签发后，在有人监护的情况下方可作业。

（11）进入含有毒、有害物质受限空间内检修或危险性较大的抽、堵盲板等工作时，各单位必须按规定办理作业许可证，作业人员佩戴合适的防护用品，落实安全防护措施，指派专人进行监护。

复习思考题

1. 硫化氢有哪些物理、化学性质？
2. 硫化氢的爆炸极限是多少？
3. 阈限值的含义是什么？
4. 硫化氢的安全临界浓度是多少？
5. 结合工作实际，如何控制和削减硫化氢的危害？
6. 指出自己工作环境中，硫化氢容易泄漏的具体位置。

第2章

硫化氢监测与防护设备

2.1　硫化氢监测设备

硫化氢在低浓度（0.13～4.6ppm）时可闻到臭鸡蛋味，当浓度达到4.6ppm时，会使人的嗅觉钝化。如果硫化氢在空气中的含量达到100ppm以上，嗅觉会迅速钝化而感觉不到空气中硫化氢的存在。因此根据嗅觉器官来判断硫化氢是否存在是极不可靠、十分危险的。所以应该采用检测仪器来确定其存在及含量。现实中硫化氢的测定有两种方法。

2.1.1　硫化氢的监测方法

2.1.1.1　现场取样化验室测定法

特点：测量精度高，但测定程序烦琐，得到数据不及时。

2.1.1.2　现场直接测定法

特点：测定迅速，利于现场使用，但测定误差较大。

结合普光现场的实际，现场取样化验室测定法不过多介绍了，下面介绍几种常用的硫化氢气体监测仪。

2.1.2　移动式硫化氢气体监测仪

2.1.2.1　外观（图2－1－1）

2.1.2.2　德尔格PAC III特点

Pac III检测仪的特点是强大的声光报警，超大屏幕显示，使用简单，且配有

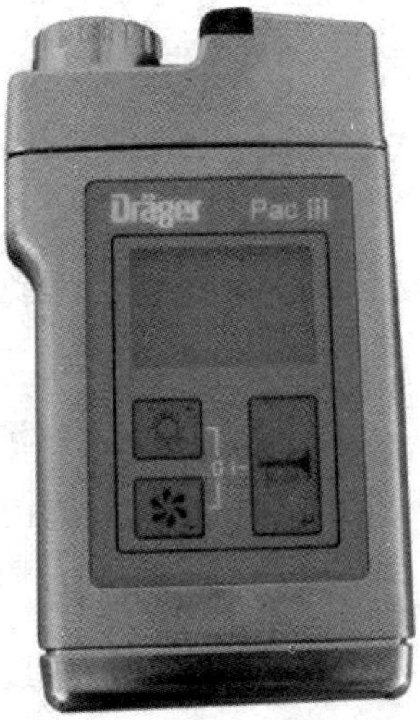

图 2－1－1　Pac III 检测仪

智能化传感器。

（1）坚固的外壳。

ABS 金属外壳，重量轻，易于携带，也经得住冲击。偶然掉在地上或是偶然沉到水里，仍可以进行检测和报警。外壳的“O”型密封圈防尘、防水。蜂鸣器和传感器内腔密封防尘。

（2）防射频干扰。

镀铬外壳可以有效地防止潜在的无线电射频干扰（RFI），这就意味着当你靠近仪器使用步报步话机时，也不会引起错误报警。除了有效地防止 RFI，还可以防热辐射。金属最有价值的特点是它们可以耐高温。

（3）操作简单。

Pac III 小而坚固且易于使用，简单的三键操作，开机、关机和查看需要的常规数据（如电池电量）均只需使用仪器面板上的三个键即可。确认报警和激活背景照明也清晰地标明在三个键上。

（4）显示屏。

超大屏幕一直给使用者提供信息。为了快速地分析环境状况、气体浓度持续以大号字显示。在浓度下方是被测气体和测量单位（ppm 或% Vol）及报警级别

(A1 和 A2)。显示屏最下方是为了显示一些特殊符号保留的。例如，电池符号表明电池报警或警告，并显示信息和符号。

(5) 菜单功能。

标定和报警设定等功能通过简单语言的菜单命令完成。这些功能都有密码保护。三个键的功能是向上、向下和回车可帮助您浏览菜单。

(6) 功能键。

① 识别 Pac III：按"☼ / ▲"键，显示：仪器 ID 和气体类型。

② 开机：按"✕ / ↵"键，信息屏显示 wait（稍后），然后是气体浓度、气体类型和测量单位。

③ 关机：同时按"☼ / ▲"和"✱ / ▲"键至少 1s。

④ 按"☼ / ▲"键，显示屏照明灯亮 10s。

⑤ 热键标定新鲜空气：按"▼"键 3s 以上，然后按"✕ / ↵"键确认，或按其他任意键取消步骤。

⑥ 信息模式：按键"✕ / ↵"键，显示信息屏，下一屏显示同上。

⑦ 菜单模式：按"✕ / ↵"键 3s 以上，显示菜单选项。

2.1.2.3　技术参数

Pac III 检测液技术参表见表 2－1－1。

表 2－1－1　Pac III 检测仪技术参数

尺　寸	67mm × 116mm × 32mm
重量	200g
环境条件	－20 ~ 50℃连续工作；－40 ~ 55℃短时工作
电池寿命	碱：600h；锂：1000h；镍氢：200h
声报警	电磁蜂鸣器 95dB（A）30cm 内
光报警	两个高强度 LED
报警信号	A_1，A_2，TWA，STEL 和低电量；ACGIH 或 TRGS 402 报警
防护等级	IP-66
数据存储扩展型	>125h 平均每分钟一个

2.1.2.4　使用方法

（1）开机：按会发出一“✕ /↵”短促的嘟声，显示屏显示下列信息：仪器类型和软件版本号；日期和时间；气体类型和测量范围阈值；报警设置点 A_1 和 A_2；暴露测算状史，只对于有毒气体；气体类型、单位和“稍后”字样。

（2）关机：同时按“☼ / ▲”和“✻ / ▼”键至少 1s。

（3）触发报警：

① 超出或低于浓度报警的报警点；

② 超出暴露报警 TWA 的报警设置点；

③ 电池电源不足；

④ 仪器和传感器出现故障。

（4）超出测量范围阈值：显示“＋＋＋＋＋＋”而不显示测量值。

（5）信号为负：显示“－－－－－－”而不显示测量值。

（6）出现警告报警时：左下角出现特殊符号“i”，仪器仍能使用，但受限制。

（7）出现故障报警时：左下角出现特殊符号“↯”。

（8）启动了暴露评估，最末一行出现“H”符号。

2.1.2.5　确认报警及注意事项

报警由有节奏的信号声和红色报警灯构成。

（1）浓度预报警 A_1。

间断式声音信号和闪烁的红色报警灯。

显示：测量值，交替显示测量单位/“A_1”和气体类型。

按“✕ /↵”信号声关闭。红色报警灯和交替显示的测量单位与“A_1”只有在测量值降至报警设置点以下时才能消失。

（2）浓度主报警。

间断式声音信号和闪烁的红色报警灯。

显示测量值，交替显示测量单位/“A_2”和气体类型。

警示：在浓度主报警情况下，立即离开危险区域，主报警为自锁设置，不能确认或消除。

2.1.2.6　用软管探头进行测量

（1）将标定罩放在传感器盖上。

（2）将软管探头外置泵连到标定罩上两个接头中的 一个上，从泵中抽入气体然后输入仪器中。

2.1.3　便携式硫化氢气体检测仪

2.1.3.1　外观（图2－1－2）

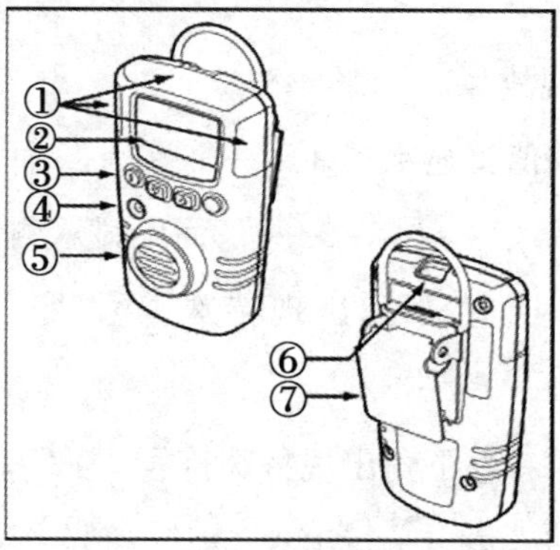

图2－1－2　便携式硫化氢气体检测仪

2.1.3.2　工作原理

电化学传感器以扩散方式工作。它能直接与扩散在环境气体中的硫化氢反应，，产生线性电信号。印刷电路板从传感器获得电信号经放大、模/数转换后在液晶屏上直接显示出所测气体的浓度。当浓度达到设定值，蜂鸣器和发光二极管发出声光报警信号。

2.1.3.3　使用方法

（1）开启电源：按下电源“开机”键，此时电源指示灯发光，仪器将有显示。

（2）检查电源电压：电源接通后或在仪器工作过程中，如果蜂鸣器发出连续叫声，同时液晶显示屏显示“LOBOT”字样，报警指示灯连续发光，说明电量不足，应立即关机进行充电（14～16h）。注意：充电必须到安全区域，不能在现场更换电池。

（3）零点校正：如果在清洁空气中（比如值班室）显示屏数字指示不为“000”，说明零点漂移。则应用螺丝刀调整零点电位器“Z”使显示为“000”。如果调不到或数字变化较大，应更换传感器。

（4）正常测试：开机并在空气中调节“000”显示后即可进行正常测试。测试的是从仪器前面窗口扩散进去的仪器周围环境中的硫化氢气体含量。

2.1.3.4　可靠性校验

（1）为保证仪器精度，仪器使用过程中要定期校验并严格记录（一般半年调教一次，具体应以说明书为准）。

（2）在清洁空气中将仪器调整显示屏数字指示为“000”后，开泵从仪器强吸口处通入标准气体，待数字显示稳定后调整仪器校正电位器“S”使显示数字达到标准气体浓度数值（标准气体流量控制台上由厂家校验）。

（3）关闭标准气体，使仪器抽入清洁空气，仪器应恢复到零点（显示“000”）。否则应重新校验，使两者均符合标准规定允许值方可。

2.1.3.5　使用注意事项

（1）此为精密仪器，不得随意拆动，以免破坏防爆结构。

（2）使用前细读说明书，严格遵守使用说明。

（3）特别潮湿的环境存放要加防潮袋。

（4）避免从高处坠落或剧烈震动。

（5）仪器长时间不用也要定期充电（每月一次）。

（6）仪器使用完要关闭电源开关。

2.1.4　固定式硫化氢气体监测仪

现场需要 24h 连续监测硫化氢浓度时应采用固定式硫化氢监测仪，这种监测仪的主机一般装于中心控制室。探头数可根据现场气样测定点的当量来确定。探头置于硫化氢易泄漏或聚集的区域，如钻井的井口、钻台上、出口槽、振动筛、钻井液罐等位置。一旦探头接触硫化氢，它将通过连接线，传到中心控制室，显示硫化氢的浓度，并有声光报警。该仪器在使用时，应随时校核，按说明书要求正确操作和维护保养。

2.1.4.1 硫化氢监测仪设备组成

硫化氢监测仪设备由气体检测探头、报警控制主机、附件和接线组成。如图2-1-3所示。

图2-1-3 固定式硫化氢气体监测仪

（1）气体检测探头（防爆型）。

（2）报警控制主机。

（3）附件：声光报警器及连接导线。

（4）接线：按颜色对接即可。

2.1.4.2 固定式硫化氢气体监测仪工作原理

传感器应用了定电压电解法原理，内有三个电极，即工作电极、对电极和参比电极。被测气体透过电极间的薄膜达到工作电极，发生氧化还原反应，传感器产生并输出电流，此电流与硫化氢浓度成正比，此电流信号经放大后，送至模/数转换电路。

硫化氢气体监测仪单或多通道，报警仪主机可接收检测探头的信号，当测量值达到设定的报警值时，控制主机发出声、光报警，同时输出控制信号，提示操作人员及时采取安全处理措施，或自动启动事先连接的控制设备，以保障安全生产。

2.1.4.3 固定式硫化氢监测仪安装

（1）安装探头。

① 安装位置：安装在离可能泄漏硫化氢气体地点处1m范围内，这样探头的

实际反应速度较快。否则会出现泄露点局部硫化氢超标而主机不报警的现象。

② 安装方法：选择好位置后，将探头固定到固定件上，将传感器防雨罩的圆柱面指向地面。

（2）安装主机。

① 安放到有人坚守的值班室内。

② 将连接电缆（导线截面积≥$1mm^2$）按探头最终安装位置与主机走线距离准备好。

③ 探头引线与主机所附航空插头的 1、2、3 接头有电缆线连接，焊接牢固并套好绝缘套管。

④ 按上述步骤检查无误后，接通电源对传感器进行极化（4 ~ 5h）。

（3）零点调节。

固定式硫化氢检测仪检测零点调节是经极化稳定后，在现场没有被测气体的情况下，将探头顶盖打开，调节调零电位器“Z”使主机显示为“000”，并保证测量探头输出信号为 400 ± 5mV。

（4）探头校正。

探头一般每三个月校正一次。将已知浓度的标准硫化氢气体，通过流量计控制在 300mL/min，再通过导管与附带的标气罩套在探头防虫网上通气 1min 后，探头输出稳定，通过调节“S”（顺时针调节输出变大，逆时针输出变小）使主机的显示值与标准气体值相等，调节好输出稳定后，可以停气，然后在纯空气环境中观察探头能否回零，检查无误，再重复一次，若没有问题，标定结束。

2.1.4.4　使用维护及注意事项

（1）不得随意拆动，以免破坏防爆结构。

（2）每月校准一次零点。

（3）保护好防爆部件的隔爆面，不得损伤。

（4）用户定期进行标定（具体时间按说明书要求）。

（5）定期清洗探头的防雨罩，用压缩空气吹扫防虫网，防止堵塞。

（6）通电情况下严禁拆卸探头，更换保险管。

2.2　呼吸保护设备

当周围的空气变得不能呼吸时，，空气呼吸装置可为人提供一个立即可用的呼吸保护器。API49 指出：在硫化氢或二氧化硫的浓度值可能超过作用级别，不应该将空气净化器及负压呼吸设备用于油气井钻井、服务和修井作业，应该使用带全面罩的正压式呼吸保护设备。普光气田采气厂、净化厂及服务辅助单位员工必须熟练使用全面罩的正压式呼吸器。

2.2.1　空气呼吸器概述

2.2.1.1　人正常呼吸的气体成分

（1）吸入气体的成分。

O_2：21%。

N_2：78%。

惰性气体：0.94%。

H_2O、CO_2 等：0.06%。

（2）呼出气体的成分。

O_2：16%～18%。

N_2：78%。

惰性气体：0.94%。

H_2O、CO_2 等：3%～5%。

2.2.1.2　成人对空气的消耗

成人的肺活量，男性约为3500mL，女性约为2500mL，每次吸入500mL新鲜空气，实际上只有大约350mL进入肺泡参加气体交换，其余的停留在无效腔中不起作用。深而慢的呼吸，其效率要高于浅而快的呼吸。当强烈地运动或劳动时，气体交换的速度加快，对气体消耗也加快。不同劳动强度下消耗空气量见表2－2－1。

表 2-2-1　不同劳动强度下消耗空气量

劳动强度	空气消耗量/(L/min)
轻	15~20
低强度	20~30
中强度	30~40
高强度	40~50
极度	50~80

2.2.1.3　空气的质量供应标准

（1）氧气含量 19.5%~23.5%。

（2）空气中凝析烃的含量小于或等于 5×10^{-6}（体积分数）。

（3）一氧化碳的含量等于或小于 12.5mg/m³(10ppm)。

（4）二氧化碳的含量小于或等于 1960mg/m³。

（5）没有明显的异味。

警示：在进行救援或进入危险环境之前，应首先在安全的地方佩戴正压式呼吸器。

2.2.1.4　计算正压式空气呼吸器的使用时间

正压式空气呼吸器的使用时间计算分式为：

$$t = 10pv/q_v$$

式中　t——使用时间，min；

p——气瓶压力，MPa；

v——气瓶容积，L；

q_v——耗气量，L/min。

气瓶储气量的计算：

储气量 = 气瓶容积 × 气瓶空气压力 × 10（系数）

碳纤维气瓶 6.8L，则储气量为：

$$6.8\times30\times10 = 2040\ \text{L}$$

使用者平均消耗速率一般是 30~40L/min，则可用 60min 左右，我国是按 30L/min 的基础给出的。

气瓶使用时间 = 10 × 气瓶压力 × 气瓶内的储气量（L）/平均消耗速率（L/min）

$$t = 10pv/q_v = 10\times30\times6.8/30 = 68\text{min}$$

报警后使用时间 = 报警压力值（5MPa） ×6 ×10/30 = 10min

例如：一个人背着空呼抢险时，压力表指针 6MPa，问空呼还能使用几分钟？

$$t = 10pv/q_v = 10 \times 6 \times 6.8/60 = 6.8\text{min}$$

2.2.1.5 呼吸器类型及优缺点比较

（1）过滤式防毒面具。

优点：结构简单、体积重量较小、携带使用方便，有一定的呼吸保护功能。

缺点：对环境的要求高，呼吸阻力大，选择性强。

（2）氧气呼吸器。

优点：气瓶体积小、重量轻、携带方便，有效使用时间长。

缺点：结构复杂，有的人对高浓度氧呼吸适应性差，安全性较低，成本较高。

（3）空气呼吸器。

优点：适用范围广、气源经济方便、呼吸阻力小、操作使用及维护保养简便，正压式空气呼吸器更安全。

缺点：钢瓶体积重量大而携带不便。

2.2.2 正压（自给）式空气呼吸器组成及部件

正压（自给）式空气呼吸器组成如图 2－2－1 所示。

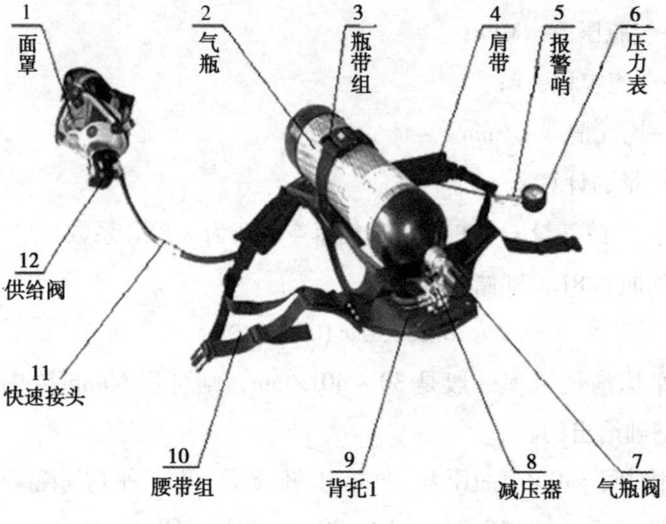

图 2－2－1 正压式空气呼吸器

2.2.2.1 空气呼吸器组成有 4 大部分

(1) 空气供应设备的组成：

空气瓶（2L、3L、4.7L、6.8L、9L）、气瓶阀、压力表。

(2) 压力调节总成：

减压器（将高压气体的压力降至 0.5 ~ 0.8MPa）不断供给适量空气，保证佩戴者正常呼吸。

(3) 面罩总成（组成）：

低压软管、口鼻罩、排气阀、头带。

(4) 背托架：

背板、肩带、腰带、胸带、固定气瓶的瓶箍带。

2.2.2.2 正压式空气呼吸器主要部件

(1) 气瓶：

标准正压式空气呼吸器 6.8L。

铝内胆碳纤维全缠绕复合气瓶，工作压力 30MPa，瓶阀具有高压安全防护装置。开关和减压器之间用高压快速接头连接，瓶阀具有高压安全装置，开启力矩小。其主要作用是防止膛压系统一旦出现膛压过高时可能发生的危险。出厂时安全阀已调整好。

(2) 全面罩：

采用聚碳酸酯材料，透明度高、耐磨性强、具有防雾功能，网状头罩式佩戴方式，佩戴舒适、方便，胶体采用硅胶，无毒、无味、无刺激，气密性能好。

(3) 压力表和报警哨：

大表盘、具有夜视功能，配有橡胶保护罩，用以指示空气瓶的实际压力，防止可能出现的由于压力过低不能退出危险区的风险。当气瓶压力低于报警压力时，报警哨发出报警。产品出厂时，报警压力已调整在 4 ~ 6MPa。

(4) 供气阀：

输出流量大、具有旁路输出、体积小。

(5) 背托：

由碳纤维复合材料注塑成型，重量均匀分布，具有阻燃及防静电功能，防水、抗冲击，质轻、坚固，在背托内侧衬有弹性护垫，可使佩戴者舒适。

（6）减压阀：

体积小、流量大、输出压力稳定。将从空气瓶输入的高压空气转为低而稳定的膛压空气。

2.2.2.3 正压式空气呼吸器工作原理

正压式空气呼吸器工作原理：以压缩空气为供气流而设计的隔绝式呼吸器，压缩空气由空气瓶经高压快速接头流入减压器，减压器将输入空气压力转为膛压空气后，经膛压快速接头输入吸气阀。吸气时，供气阀阀门自动开启，将压缩空气以较大的流量供给人吸入。呼气时，吸气阀停止工作，供气阀关闭，呼出气体经面具上的排气阀排出，完成了全部的呼吸过程。

一个呼吸循环过程中，面罩上的呼气阀和口鼻罩上的单向阀门都为单方向开启，整个气流沿着一个方向流动，构成一个完整的呼吸循环过程。整个动作过程中，面罩内始终保持正压。

2.2.2.4 空气呼吸器使用前的检查

呼吸器使用前的检查项目如下：

（1）各部件是否齐全。如空气瓶、压力调节器、面罩、背托架等。

（2）空气瓶充压是否充分。打开空气瓶，观察压力表的指示值，慢慢打开和关闭气瓶阀以防给减压器和压力表造成冲击。标签上是否填写了新的充气日期。

（3）低压供气管线是否良好，卡子是否上紧。

（4）头带是否完好并全部松开。

（5）面罩是否清洁。

（6）视窗是否清洁无刮痕。

（7）口鼻罩是否正确安装。

（8）排气阀是否良好、干净、功能正常。

（9）背托架的所有带子是否干净、完好并充分松开。

（10）低压报警器工作是否正常。打开空气瓶后，在压力上升过程中报警哨有短促的哨声，即为正常。

(11) 旁通阀/泄压阀是否正常工作。检查项目都不存在问题，则关闭气瓶阀，泄掉系统内的压力并收好放入箱内以备应急时使用。

2.2.2.5　呼吸器的佩戴方法（图 2-2-2）

呼吸器的佩戴方法如图 2-2-2 所示。

(a) 准备

(b) 解开腰带扣，展开腰垫。手抓背架两侧，将装具举过头顶。身体稍前倾，两肘内收，使装具自然滑落于背部

(c) 手拉下肩带，调整装具的上下位置，使臂部承力

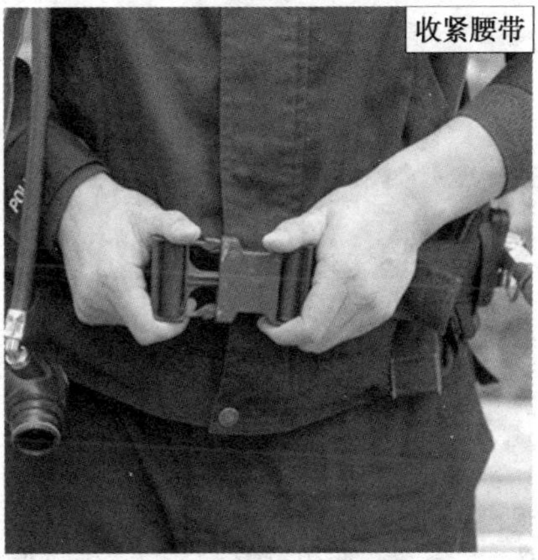

(d) 扣上腰扣，将腰带两伸出端向侧后拉，收紧腰喧

（e）松开头罩带子，将头罩翻至面窗外部

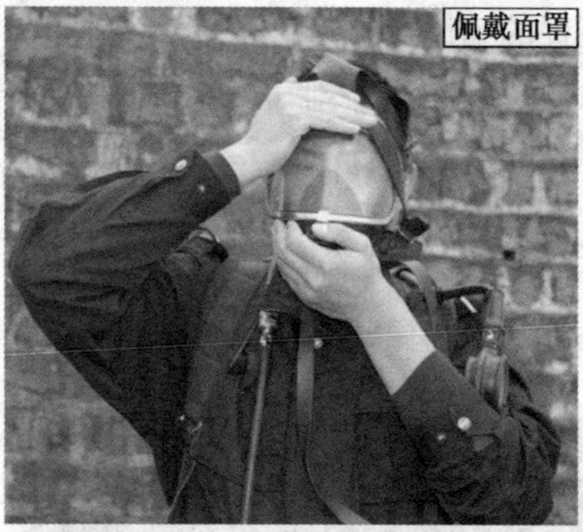

（f）一只手抓住面窗突出部位将面罩置于面部，同时，另一只手将头罩后拉罩住头部（注意：要确保下巴正确拉于下巴罩内）

（g）两手抓住颈带两端向后拉，收紧颈带

（h）两手抓住头带两端向后拉，收紧头带

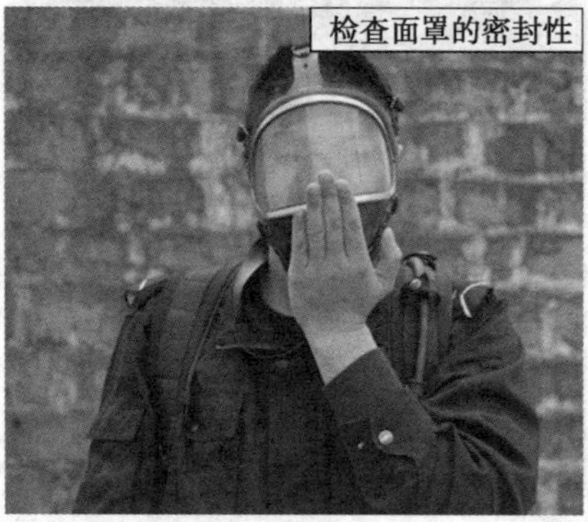

（i）手掌心捂住面罩接口，深吸一口气，应感到面窗向面部贴紧（注意：如面罩始终有泄漏，则应更换另外的面罩总成）

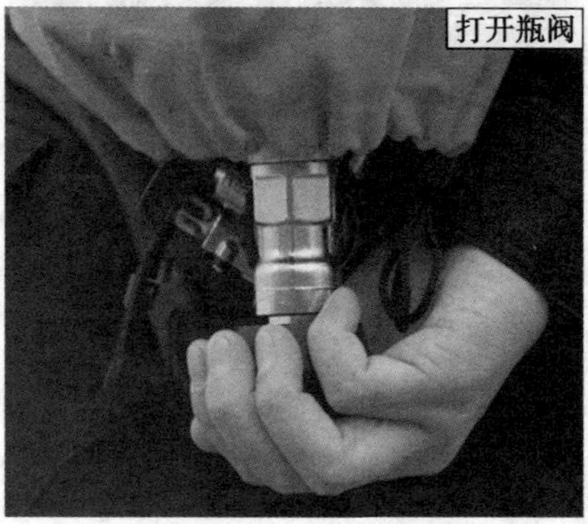

（j）逆时针转动瓶阀手轮（至少两圈），完全打开瓶阀

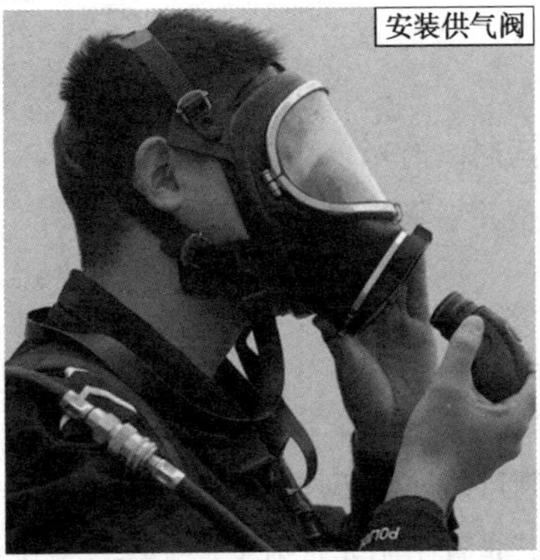

(k) 使红色旋钮朝上，将供气阀与面窗对接并逆时针转动 90°，正确安装好时，可听到卡闩滑入卡槽的“咔哒”声

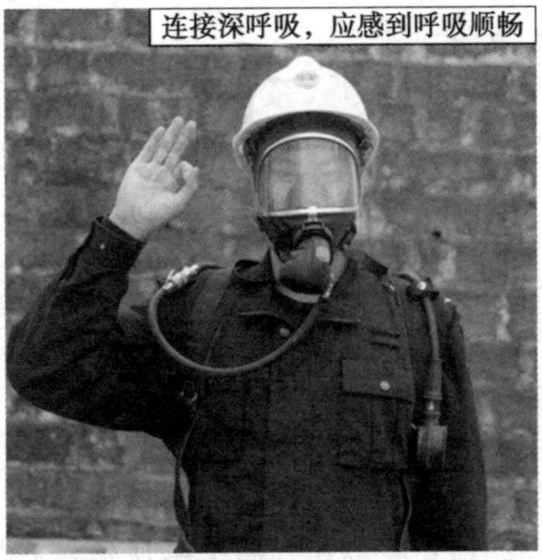

(l) 完毕

图 2-2-2　呼吸器佩戴方法分解图

在这里只是介绍空气呼吸器佩戴和使用的基本方法，这些基本方法不可能包括所有生产厂家的设备特点。因此，在涉硫工作中你必须对使用的空气呼吸器的使用说明非常熟悉，下面是培训使用空气呼吸器的两种基本方法。

(1) 安全区域空气呼吸器的佩戴。

① 准备设备（检查整体部件、气瓶压力表、部件是否有缺陷）。

② 背上气瓶（背上背托架及气瓶、调整并系紧背带、腰带、胸带）。

③ 戴上面罩（有上戴和下戴两种方法，拉紧面罩带确保密闭良好）。)

④ 负压测试（堵住供气管或面罩供气器、吸气检查密闭情况、检查呼出阀的工作情况）。

⑤ 连接气源（连接快速接头或供气阀、打开气瓶阀、检查供气压力）。

(2) 作业区域空气呼吸器的佩戴。

A) 班前准备。

① 设备检查（检查整体部件、气瓶压力表、部件是否有缺陷）。

② 负压测试（堵住供气管或面罩供气器、吸气检查密闭情况、检查呼出阀的工作情况）。

③ 连接面罩（打开瓶阀、检查供气压力、关闭气瓶阀、连接快速接头或供气阀使呼气处于待用状态）。

B）紧急佩戴。

① 戴上面罩（系紧面罩带确保密闭）。

② 打开气瓶（将瓶阀完全打开、旋转两周以上）。

③ 背上气瓶（背上背托架及气瓶、调整并系紧背带、腰带、胸带）。

C）安全区域空气呼吸器的佩戴图解。

2.2.2.6 呼吸器保养注意事项

(1) 使用前。

① 不准充装任何别的种类的气体，否则可能发生爆炸。

② 避免将高压气瓶暴露在高温下，尤其是置于阳光直射下。

③ 禁止沾染任何油脂。

④ 妥善保存每个钢瓶附带的高压气瓶合格证，不得丢失。

⑤ 高压钢瓶和瓶阀每三年需进行水压试验一次，并记在合格证上。此事可委托制造厂进行。

(2) 使用中。

① 使用中应使气瓶阀处于完全打开状态。

② 养成定期查看压力表指示的习惯，当压力下降到预置值时有哨声报警，当听到哨声时，应从最近和最安全的路线尽快到达安全区域。

③ 没有到达安全区域或危险消失前，不要卸下设备。

(3) 使用后。

① 松开头部固定带子，按压复位杆，打开正压，脱下面罩。

② 按下供气阀上的手动开关，关闭供气阀。

③ 解开腰带扣，卸下设备，轻轻放下呼吸设备。

④ 按压复位杆使系统排气。

⑤ 将呼吸设备交给维护部门。

2.2.2.7 维护保养制度

(1) 维护保养。

用软布清除呼吸器，可用中性清洁液、消毒液洗涤，然后用清水冲刷掉洗涤液和消毒液，自然晾干，各组件都不能浸入水中。

硅脂：定期在供气阀的密封圈上涂硅脂。

检漏：4 份水 +1 份洗涤剂。

清洗剂：中性肥皂液或清洁剂（餐用洗洁剂）与温水（最高 43℃）混合。

消毒：医用酒精。

（2）定期检查。

维护保养人员应定期进行检查，检查周期不超过一个月，并填好《定期操作检查记录》，保证呼吸器装具处于完好备用状态。

钢质气瓶至少每三年、碳纤维复合气瓶至少每五年检测一次。

气瓶使用后应保留一定压力，以免外界的有毒气体或潮湿空气进入气瓶内。

（3）检查项目。

检查有无磨损、橡胶老化及头罩的损坏。

水压试验时间。

物理损坏。

减压阀手轮和气瓶阀。

充泄阀是否关闭。

中压接头连接。

节气开关。

检查压力、密封。

2.2.3　逃生呼吸器

2.2.3.1　外观（图 2-2-3）

图 2-2-3　MSA 逃生呼吸器

2.2.3.2　选择和使用

逃生呼吸器属于过滤器式呼吸器，仅用于毒气泄漏事故自救，使用者对选择和使用负有责任。必须注意以下内容：miniSCAPE 可以有效防护有机气体和蒸汽，如环已烷、苯类、醇、酸、酯类等；无机气体和蒸汽，如氯气、硫化氢、氰化氢等；酸性和酸性成分的气体和蒸汽，如二氧化硫、各种有机酸及氨气及有机胺衍生物等。本产品不能防护一氧化碳，不能用于火灾事故逃生。逃生呼吸器不能提供氧气，不能在氧气浓度低的场所使用。选择逃生呼吸器时，必须要选择期望的使用时间小于他们的名义使用时间。对于 MSA miniSCAPE 逃生呼吸器，在极端的泄漏浓度非常大的情况下，最少使用 5min。具体使用时间要视不同情况和不同使用者而定。

逃生呼吸器属于一次性使用器具，逃生时应镇定自若，不要惊慌失措，因为呼吸器固有的呼吸阻力，尤其是没有经验的使用者会感到呼吸困难。

2.2.3.3　佩戴方法（图 2-2-4）

（a）准备好逃生呼吸器

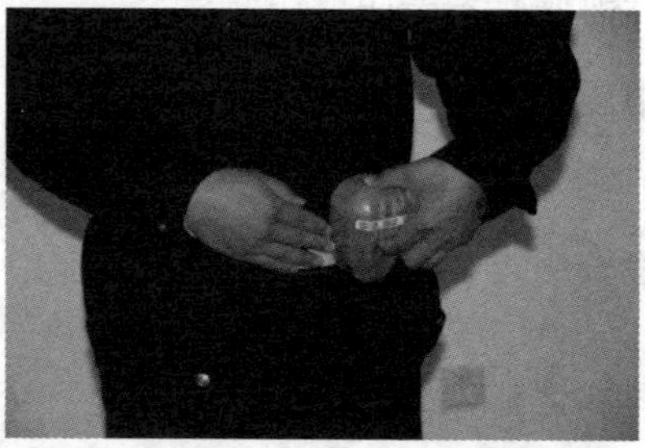

（b）打开覆有封条的卡扣，取下储存盒的上盖

（c）一只手托住呼吸器底部，另一只手将滤嘴从左右两侧向中间凹

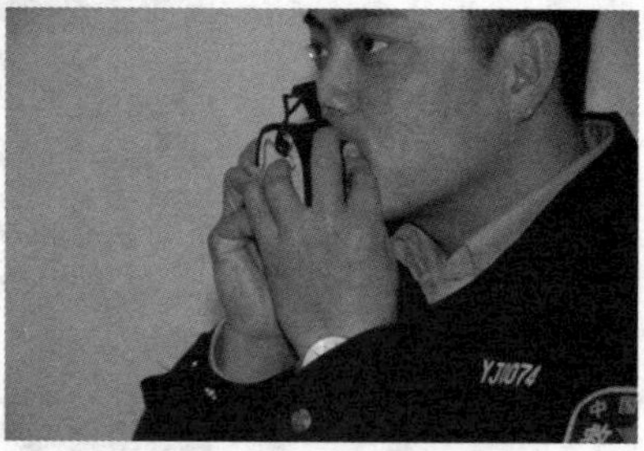

（d）将内凹的滤嘴放入口中，用牙齿咬住滤嘴的凸边，防止呼吸器在奔跑途中掉下

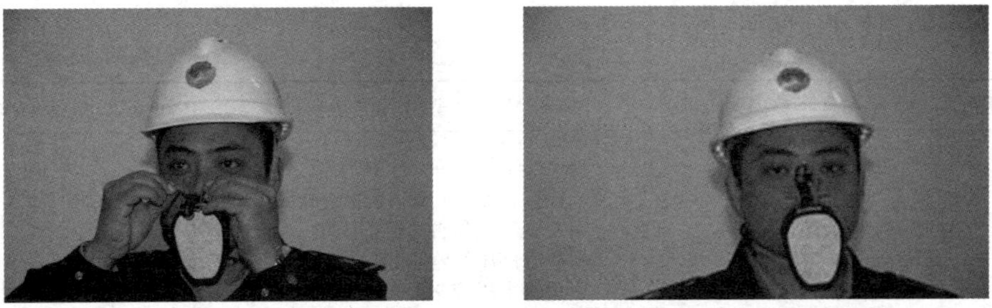

(e) 双手各持一个鼻夹扣在鼻梁两侧，牢牢地将鼻子夹住，防止有毒气体从鼻子吸入

(f) 完整地，正确地佩戴才能达到最佳的防护效果

图 2-2-4　逃生呼吸器佩戴方法分解图

2.2.3.4　注意事项

（1）逃生呼吸器对有假牙的人限制使用。

（2）呼吸器使用前应保存在包装盒中，包装盒上的封条切勿撕开，工作时可夹在裤带或皮带上。

（3）呼吸器有损或者包装打开，必须更换或者只能用于逃生演练或培训。

2.2.3.5　维护保养和储存

（1）储存期内 MSA 的逃生呼吸器是免维护的，逃生呼吸器外包装盒上标有失效期。

（2）MSA 逃生呼吸器必须密封储存在通风、阴凉、干燥无灰尘处，远离毒气污染，不使用的话不要打开包装。

附 1：

职工技术比赛佩戴便携式正压空气呼吸器考核内容及要求

（1）对提供的便携式正压空气呼吸器进行正确使用。

（2）检查时间 4min，到时裁判提示终止。

（3）佩戴使用时间 45s，佩戴时间在 25s 以内（含 25s），满分 65 分；佩戴时间在 26～35s 以内（含 35s），满分 60 分；佩戴时间在 36～45s 以内（含 45s），满分 55 分；佩戴时间大于 45s，该项不得分；佩戴使用时间由选手自己计时。

（4）考核时间为 8min。

（5）考试中损坏设备器具扣 20 分，出现人身伤害不得分。

（6）评分标准如下：

序号	考核内容	评分标准	配分	扣分	得分
1	（1）检查准备4min： 检查合格证； 检查背带； 气瓶正确地固定在背托架上； 高压管路和中压管路及气压表； 全面罩的视窗明亮； 面罩密封、全面罩头带； 打开气瓶开关，检查气瓶压力，检查残气报警器； 检查旁通阀工作情况 （2）试连接：检查供气阀与面罩连接情况	未检查合格证扣1分；未检查腰带扣1分 未检查肩带扣1分；未检查胸带扣1分 不检查气瓶是否固定牢固扣2分 不检查高压管路扣2分 不检查中压管路扣2分 不检查全面罩视窗扣1分 不检查面罩密封周边扣2分 不检查面罩头带扣1分 未检查口鼻罩固定及呼吸阀座、阀片、通话膜片扣1分 未检查面罩内清洁扣1分 未打开气瓶阀开关扣1分 未检查气瓶压力扣2分 不检查残气报警器是否工作正常扣2分 不检查旁通阀扣1分 不检查供气阀与面罩连接扣2分 不检查棉纱和清洗液扣1分	25		
2	呼吸器的佩戴及使用45s： （3）将压缩空气瓶瓶口向下背在肩上； （4）调节肩带； （5）系胸带； （6）固定腰带，松紧度适宜； （7）将面罩上的颈带套在脖子上，面罩挂在胸前； （8）由下向上戴面罩，密封框下没有异物，然后收紧系带（由下向上）； （9）检查面罩的气密性；供气阀和面罩连接；试呼吸两次，工作正常后，停止计时	背负气瓶的方向错误扣5分 背负气瓶的方法错误扣5分 不调节肩带扣5分 不系胸带扣5分 不固定腰带扣5分 腰带固定松紧度不合适扣1分 面罩不按正确方法挂在脖子上扣5分 面罩佩戴方法不正确扣6分 密封框压住头发或其他物体扣4分 不检查气密性扣10分 检查方法不对扣4分 不连接供气阀和面罩进气口扣6分 不试呼吸两次扣4分	65		
3	结束工作：将设备恢复原状	未关闭气瓶阀门，释放气管的残气扣4分 未放松肩带、腰带、面罩头带扣4分 未及时清洗、消毒面具扣4分，清洗方法不正确扣5分 未正确将设备装箱或装箱不合要求扣2分	10		
备注		合计	100		

裁判员签字：

年　　月　　日

附 2：普光常见监测仪器

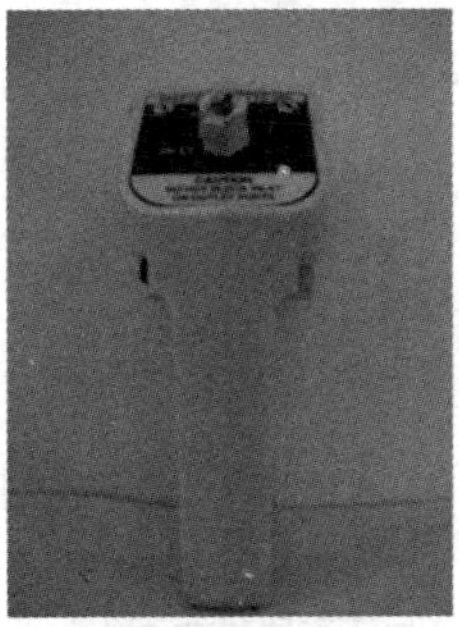

C16 便携式气体检测仪背面

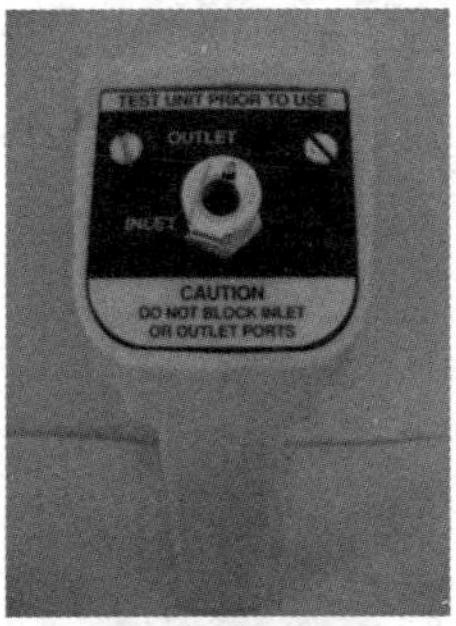

C16 便携式气体检测仪后顶部

C16 便携式气体检测仪右侧面

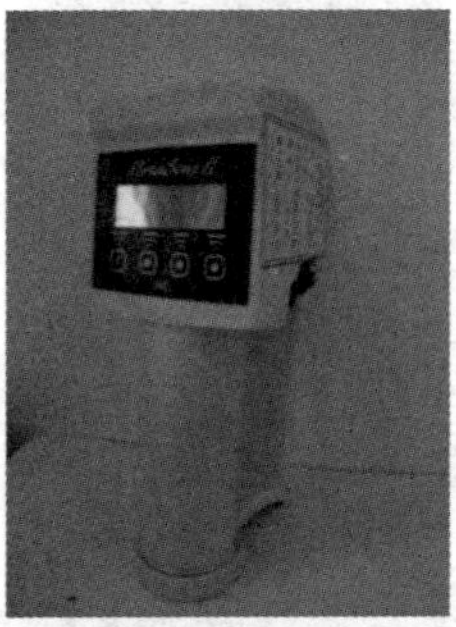

C16 便携式气体检测仪右斜面

C16 便携式气体检测仪正面

C16 便携式气体检测仪左侧面

RAE 复合气体检测仪顶正面

DSCO3 有害气体远程布控监测系统主机

RAE 复合气体检测仪背面

DSCO3804 正面全貌

RAE 复合气体
检测仪侧面

RAE 复合气体检测
仪侧斜面

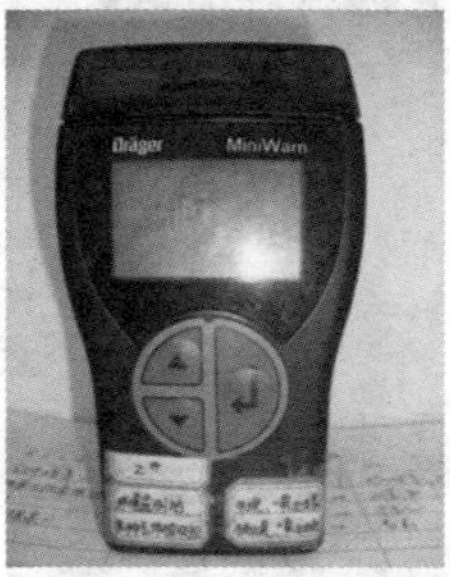

德格尔四合一气体
检测仪正面

德格尔四合一气体
检测仪背面

德格尔四合一气体
检测仪侧面

德格尔四合一气体
检测仪顶部

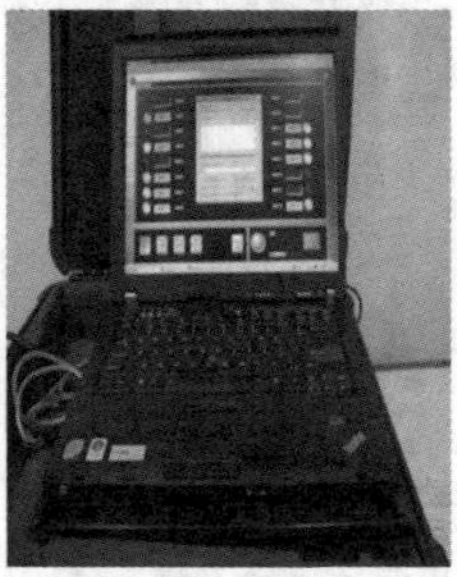

德格尔四合一气体
检测仪正面

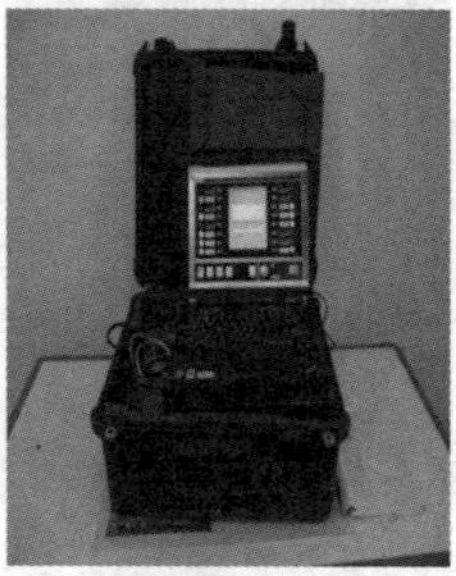

DSCO3 有害气体远程布
控监测系统机

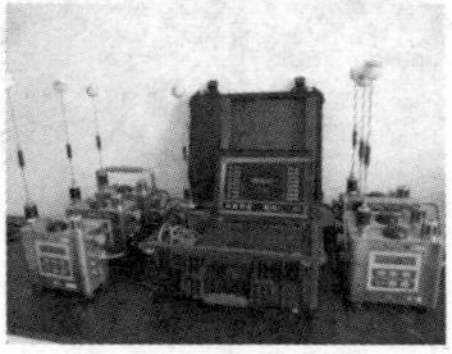

有害气体远程布控监测
系统主机和检测仪

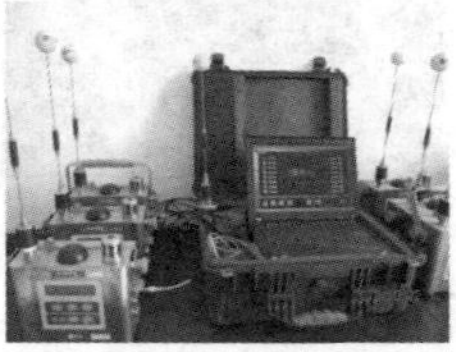

害气体远程布控监测系
统主机和检测仪

复习思考题

1. 硫化氢检测的方法有哪些?
2. 使用便携式硫化氢检测仪的注意事项有哪些?
3. 安装固定式硫化氢检测仪的注意事项有哪些?
4. 正压式空气呼吸器有哪几部分组成的?
5. 简述正压式空气呼吸器佩戴前应检查的项目。
6. 安全区域怎样佩戴正压式空气呼吸器?
7. 工作现场发现硫化氢泄漏，怎样佩戴正压式空气呼吸器?

第3章

硫化氢现场救护

硫化氢是一种剧毒气体，在采气、净化等作业过程中又无法避开。因此，掌握硫化氢的中毒途径及现场急救知识对于保障人身安全、实现安全生产都具有重要意义。

3.1 硫化氢中毒机理

3.1.1 硫化氢进入人体的途径

硫化氢只有进入人体并与人体的新陈代谢发生作用后，才会对人体造成伤害。硫化氢侵入人体的途径有三条：

（1）通过呼吸道吸入；

（2）通过皮肤吸入；

（3）通过消化道吸入。

硫化氢经黏膜吸收快，皮肤吸收甚少。经呼吸道吸入或误服含硫盐类与胃酸作用后产生的硫化氢可经肠道吸收而引起中毒。

3.1.2 硫化氢中毒毒理学简介

硫化氢是一种神经毒素，亦为窒息性或刺激性气体。当空气中的硫化氢含量达0.13～4.6ppm时，人们即可嗅到臭鸡蛋味，随浓度的增加臭鸡蛋味也增加。但当浓度超过20ppm时，由于嗅觉神经麻痹，臭味反而不易嗅到，这正是危险的时刻，往往会出现“闪电式”中毒死亡。硫化氢与人体内部某些酶发生作用，可抑制细胞呼吸酶活性，造成组织缺氧，对人体有全身毒性作用。

3.1.3　硫化氢中毒发病机理

中毒机理：硫化氢在水溶液中可离解成 HS^-、S^{2-} 和 H^+。它们都具有局部刺激作用，也具有腐蚀性，从而造成眼和呼吸道的损害。硫化氢主要经呼吸道进入人体内。在体内的游离硫化氢，会使中枢神经麻痹，会造成细胞呼吸酶失去活性，从而引起全身中毒反应。

3.1.3.1　急性毒性

较低浓度时，即可引起呼吸道及眼黏膜的局部刺激作用；浓度愈高，全身性作用愈明显，表现为中枢神经系统症状和窒息症状。

3.1.3.2　慢性毒性

长期低浓度接触硫化氢会引起结膜炎和角膜损害。

3.1.3.3　继发性缺氧

由于硫化氢引起呼吸暂停或肺水肿等因素所致血液中氧含量降低，可使病情加重，神经系统症状持久及发生多器官功能衰竭。

3.1.3.4　肺水肿

硫化氢遇到眼睛和呼吸道黏膜表面的水分后分解，并与组织中的碱性物质反应产生氢硫基、硫离子和氢离子、氢硫酸和硫化钠，对黏膜有强刺激和腐蚀作用，引起不同程度的化学性炎症反应。加之细胞内窒息，对较深的组织损伤最重，易引起肺水肿。

3.1.3.5　心肌损害

由于硫化氢的直接作用使冠状动脉痉挛、心肌缺血、水肿、炎性浸润及心肌细胞内氧化障碍。急性硫化氢中毒致死病例的尸体解剖结果与病程长短无关，常见脑水肿、肺水肿，其次为心肌病变。一般可见尸体明显发绀，解剖时发出硫化氢气味；血液成流动状，内脏略呈绿色。脑水肿最常见，脑组织有点斑状出血、坏死和软化灶等；可见脊髓神经组织变性。

3.1.4 硫化氢中毒的医疗

一般采用综合疗法，以对症治疗为主。① 吸氧，糖皮质激素、呼吸兴奋剂应用。② 维护重要脏器功能。对有肺水肿、脑水肿、循环功能障碍、肺部感染者给予相应治疗。③ 亚硝酸钠可与硫离子结合形成硫化高铁血红蛋白复合物，已在急性中毒抢救中使用。

3.2 现场急救应急程序

作业现场遇到硫化氢泄漏事件，首先是自我保护并及时报警，一旦有人中毒晕倒，按照以下方法现场施救。

3.2.1 现场施救一般原则

（1）一旦发生人员中毒事故，目击者应立即戴上呼吸器，赶赴报警点，发出急救信号，抢救中毒者。

（2）医生和应急小组接到报警信号后，立即赶赴事故现场，救护车司机启动车辆作好护送准备。

（3）现场医生检查受伤情况并采取必要的救护，填写好应急救护记录单。

（4）用电台、电话、对讲机与医院联系，通报伤者情况、出事地点、时间、并让医院作好急救准备。

（5）救护车运送伤员途中要与急救小组时刻保持联系，随时报告伤者的病情和具体位置，急救小组也要及时向承包代表和外方监督汇报，同时应急小组还要向高一级医院联系，以便在当地医院无法处理时接收处理。

3.2.2 作业现场实施救护程序（七步救援措施）

3.2.2.1 离开毒气区实施救护程序

（1）了解硫化氢气体的来源地。

（2）确定风向（如果中毒事件发生在室外）。

（3）确定进出线路，避免自身中毒。

3.2.2.2　戴呼吸装置（保护）

施救人员在安全地区，取一个最近放置的呼吸装置，按照所要求的配戴程序戴好呼吸器。

3.2.2.3　报警器报警（报警）

（1）按动报警器，并使报警器报警。

（2）如果报警器在毒气区里，或附近没有合适的报警系统，就大声警告在毒气区的其他人。

3.2.2.4　对环境评价（评价）

考虑中毒人员周围是否有其他的潜在危险（火灾、爆炸、道路交通等）。

3.2.2.5　救护中毒者（救助）

（1）估计中毒情况（是否有一些不寻常的因素要考虑）。

（2）根据你所知道的中毒者的状态及地方，选择一个合适的救护技术。

（3）如果有可能，请求他人一起帮助，救护中毒者。

（4）仔细注意中毒者的状态变化。

3.2.2.6　使中毒者复活（施救）

（1）检查中毒者的中毒情况。

（2）进行心肺复苏术。

3.2.2.7　进行医疗帮助（医护）

（1）对每一个受害者进行医疗帮助，不管他是否中毒倒下。

（2）继续抢救使受害者复活，一直到医疗帮助人员到达。

（3）如果中毒者已经救活，还要送入医院，一直到能让医生诊断救护为止。

3.2.3　现场护理

在含硫作业现场，除了要掌握现场急救的方法外，掌握对硫化氢中毒人员的现场护理方法也是非常必要的，下面是现场硫化氢中毒人员的一般护理方法。

（1）当中毒病人呼吸和心跳完全恢复后，可以给病人喂一些含兴奋剂的饮料，如浓茶、咖啡等，而且要有专人护理。

（2）为防止或减轻中毒者眼睛受到损害，要用干净水进行彻底清洗，清洗后，若有条件还可以进行冷敷。

（3）对于重度病人，冬天要注意保暖，夏季要防止中暑。

（4）对于轻度中毒的病人，在病人恢复期间，要绝对保证病人的休息时间。

（5）对于中度中毒的病人，转院途中要始终将病人头部侧向一侧，避免病人呕吐后发生误吸。

3.2.4 典型事例分析

3.2.4.1 案例一

压气厂的空气压缩机安装在一个产气设备上。压缩机使含有32%浓度的H_2S气体（等于320000ppm）的压力升高。空气压缩机放置在一个宽7m、长12m的房子里，在里面除空压机以外还有一个固定的硫化氢连续检测器和可燃气检测器。有两名工人在岗位上。一名工人负责与地区办公室通讯联系有7年了，另一名工人在压缩机机房工作了12年。当他给高架润滑油罐中加油时，突然，压缩机的一个阀盖开关松了，硫化氢气体泄漏到机房里。与地方办公室通话的那名工人正好注视着控制台，硫化氢检测器指示99ppm，他向窗外看去，空气压缩机机房房顶的警报灯正在闪烁，他放下电话，穿过庭院，跑向压风机房，他知道另外一名工人正向罐中加润滑油，没有帮助是很危险的。

处置方法如下：

（1）离开现场。

自己首先要远离有毒区，到安全无毒区域。

（2）戴上防毒面具。

戴上自给式呼吸器或供气呼吸器，如果必要可暂时停止工厂里的一切工作。

（3）打开警报器。

他应在与地区办公室人员通话时汇报他所看到的情况，包括机房的硫化氢气体泄露、硫化氢检测器的指针超过正常指标、机房顶部的警报灯不停地闪烁以及另一工作人员在机房里，并且请求对方援助。如果有可能，应紧急停机。

（4）评价。

考虑中毒人员环境，有无火灾、爆炸、交通堵塞等其他危险。

（5）抢救受害者。

如果有条件，可打开鼓风机使机房通风或在上风向把所有的门打开，进入空气压缩机房寻找受害者，把中毒者放在清爽的空气中（如可能放在上风向）。中毒者也许会自己苏醒过来，也许中毒较深，必须等待抢救。

（6）人工抢救。

做人工呼吸，直到中毒者苏醒过来或医务人员赶到现场。

（7）取得医疗部门的援助。

工作人员应该在事发时就请求援助。

3.2.4.2　案例二

你和一个维修工人正在一个天然气工厂里的两根管线上检查法兰的连接，这个工厂距某村庄很近，你们俩站在一个有非常矮的顶篷的回廊两端。你站在距离你的伙伴几英尺远处，你的伙伴正在进行检查，在你们中间，有一个报警的电铃，自给式呼吸器放在距离你工作的回廊 50ft。你的伙伴体重 110kg，靠在法兰附近，突然，释放出含有硫化氢气体将他击倒。

处置方法如下：

（1）撤离毒气区。

首先，你不能立刻冲上前去帮助你的伙伴，很明显，硫化氢气体的释放来源于法兰或衬垫的毁坏。因毒气泄漏发生在室内，因此不要担心风向。由于是在一个受限制的空间，硫化氢气体当然可以迅速扩散到各个方位。你要尽快地离开回廊。要使身体保持直立，因为密度大的气体是先在地板水平面上扩散。

（2）戴呼吸器。

（3）报警。

尽管在你和你倒下的朋友之间，有一个报警开关，但不要去接触它，因为这是在毒气释放处，并且你也没戴任何呼吸设备。到回廊外面找一个最近的警报开关，大声呼喊，去通知能听到你声音的任何人，让他们立刻撤离。如果一旦弄响了警报器，就立刻离开毒气区保护好自己。

(4）考虑环境安全。

中毒人员所处环境有无其他危险，自给式呼吸器被放置在附近一个安全室里，找到它，按照操作要求戴上呼吸器。

(5）抢救中毒者。

估计现场情况，假定中毒者失去知觉，这就意味着你不能靠他来给自己提供什么帮助。回廊的顶篷很低，你不能直起身走，这个因素将使你在救护过程中受限制，回廊狭窄，也限制着你的行动，使用任何担架，甚至多一个人，行动起来都很困难。最后，一定要记住，中毒者的体重要比你重，或者至少他的体重使得在这种情况下使用任何抬的技术都无用。选择一个合适的方法，因为中毒者失去知觉，因此确认中毒者受伤的程度是很重的。为了安全，假设他可能受伤，采用拖拉衣服的抢救方法，就可以减少受伤处恶化的机会。抢救中毒者：一旦你到达中毒者身边，就立刻对他做尽可能全面的检查，确认哪里有伤。如果他所处位置不合适拖拉衣服，就将他滚到一个合适的位置。用两手紧紧抓住衣领（如果你能做到)，将他拖到安全地带。计划好你的路线，避开障碍物，因为障碍物逼迫你走走停停。因为你有向前走的冲力，保持身体运动与不停地走，会使你消耗较少的体力。留心观察中毒者或许自己慢慢苏醒过来，观察可能出现的任何征兆，会比你第一次检查时发生的问题要多。如果你发现你自己拖不动他，就去寻找帮助。救护时间的浪费会直接影响中毒者的复活机率。但是过于强迫自己帮助同伴，你最终也许成了受害者。

(6）使中毒者复活。

一旦你进入安全地带，就要对受害者全身做仔细地检查，看有无受伤。然后立刻进行口对口的人工呼吸，直到他自己恢复呼吸。在一段时间内要密切监视着他，以防他停止呼吸或表现出需要急救的症状。

(7）取得医疗帮助。

向最近的医院申请医疗帮助。继续做人工呼吸和监视，一直到医务人员赶到。也要记住，医疗帮助的对象不仅仅是被毒气击倒的伙伴，还包括你以及所有的在硫化氢气体附近可能被毒气毒害的其他人。

3.3　现场救护病人的搬运方式

当有人被硫化氢气体击倒时，你一定不能立刻冲进去提供救护。首先你必须估计一下情况，然后根据救护技术和设备所需要用的工具进行实际的安排。中毒者也许不得不被运到楼下，或从平台上运下来。下列的基本技术可用来将一个受害者从硫化氢毒气中撤离出来。

3.3.1　抱两臂法

抱两臂施救法如图 3 – 3 – 1 所示。

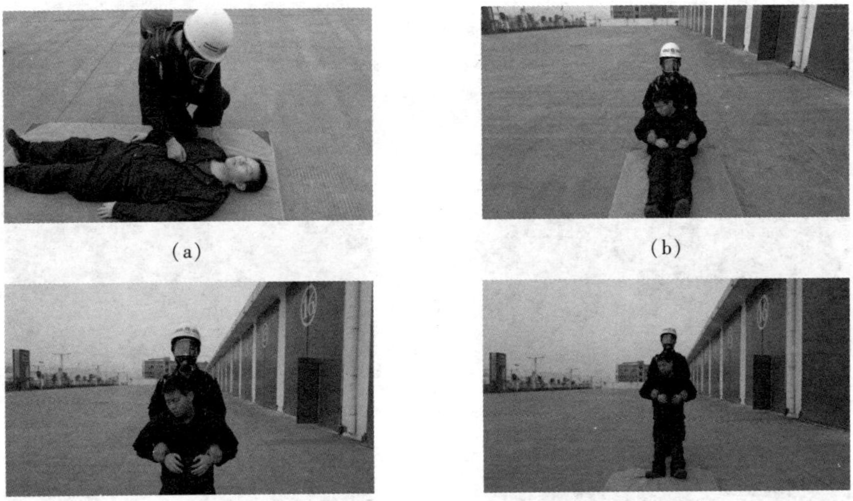

(a)　(b)　(c)　(d)

图 3 – 3 – 1　抱两臂法图解

作用：这种技术可以用来抢救有知觉或无知觉的个体中毒者。如果中毒者无严重受伤即可用两臂拖拉法。两臂拖拉法可用在水平地面，如人行道、户外水平槽和低槽人行道。按规定要求进入限定地区的人员必须带上全套防护装置，以及所需的救护设备。

步骤：

（1）把受害者置于平躺体位。

（2）施救者蹲于受害者后面。

（3）扶着受害者的头颈使受害者处于半坐体位。

（4）用大腿或膝盖支撑受害者背部。

（5）将双臂置于受害者腋窝下。

（6）弯曲受害者的胳膊并牢固地抓住受害者手腕（保证使其胳膊紧贴其胸）。

（7）站起时将受害者的背部靠在你的胸部，将受害者抱起。

（8）将受害者拽到安全地带。

3.3.2 拽衣领施救法（单人、双人）

拽衣领施救法如图3－3－2所示。

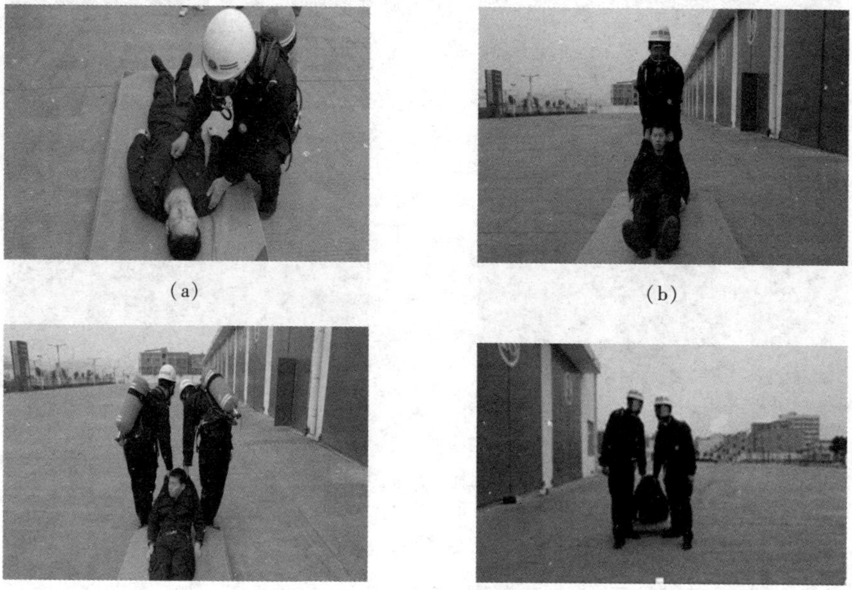

(a) (b) (c) (d)

图3－3－2 拽衣领法图解

作用：这种救护方法可使一个人救护一个有知觉的中毒者。这种救护法的好处是，不用弯曲受害者的身体，就可以立刻将一个受害者移开。

步骤：

（1）把受害者置于平躺体位。

（2）解开其拉链 15～20cm。

（3）如果可能，让受害者处于半坐状态。

（4）施救者站于受害两侧，背向受害者。

（5）施救者将其最近的手插入受害者衣领的内部直到触及其肩。

（6）牢固抓紧受害者衣领并提起。

（7）协同工作，尽可能用前臂和衣领支撑受害者的颈部和头部，将受害者托至安全地方。

3.3.3　两人抬四肢法

两人抬四肢施救法如图 3－3－3 所示。

（a）　　（b）

图 3－3－3　抬四肢法图解

作用：当有几个救护人员时，这种方法就可被使用。中毒者可以是有知觉的，也可以是神智不清的。这种救护方法可以在一些受限的救护情况下采用。

步骤：

（1）把受害者置于平躺体位。

（2）一个救助者走到受害者头部扶起头和颈部。

（3）另一个救助者蹲到受害者脚部，抓住受害者手腕并缓慢将受害者托起到坐位。

（4）在头部的救助者此时蹲在受害人后面，从腋下抓起受害人的手腕。

（5）在脚部的救助者将受害者双腿从踝部交叉并准备搬起。

（6）两人协作，将受害人抬起。

（7）面朝前，将受害人搬运至安全地带。

（8）搬运时前边的人用一侧的手抱起受害人双腿，另一只手用于开门或移开障碍物。

3.4 心肺复苏术（CPR）

3.4.1 什么是心肺复苏术（CPR）

心肺复苏术（CPR），亦称基本生命支持（basic life support，BLS），是针对由于各种原因导致的心搏骤停，在4～6min内所必须采取的急救措施之一 。目的在于尽快挽救脑细胞在缺氧状态下坏死（4min以上开始造成脑损伤，10min以上即造成脑部不可逆之伤害）的患者，因此施救时机越快越好。心肺复苏术适用于心脏病突发、溺水、窒息或其他意外事件造成意识昏迷并有呼吸及心跳停止之状态。

3.4.2 心肺复苏的意义

由各种原因发生的猝死日益增多，其中触电、溺水、中毒及冠心病、器质性心脏病为多见，猝死大多是由心律紊乱、呼吸肌痉挛等造成的，只要抢救及时、得法、有效，就可以成功救治。

3.4.3 现场中毒病人心肺复苏的步骤

3.4.3.1 判断病人有无意识

作业现场发现有人突然倒地，抢救者应按照救护程序，迅速将中毒人员搬运至安全的地方，解开中毒人员衣领扣，摇动中毒者并试探其有无意识（如试问：“喂，怎么了?”），如果无反应，表示已经丧失意识。

3.4.3.2　呼救

一旦判断中毒者已经丧失意识，就要大声呼救。其一可以把听到喊声的其他人招呼过来协助抢救，其二还可以证明自己的行为，免遭被人讹诈。

3.4.3.3　放置病人体位

抢救中毒病人体位一般采用仰卧位，翻转病人时要头、肩和躯干同时转动。如果手臂扭曲，应先将手臂举起向头方伸直，一手扶住病人头枕部，另一手托住肩部，使躯干、臂部跟随肩部转动至仰卧。

3.4.3.4　判断有无脉搏

判断有无脉搏的最有效最直接的方法是触摸颈动脉，如未触及颈动脉搏动，表明心跳已停，应立即开始心脏复苏。

3.4.3.5　胸外心脏按压术

胸外心脏按压是重建循环的重要方法。正确的操作可使心排血量约达到正常时的 1/4～1/3，脑血流量可达到正常时的 30%，这就可以保证机体最低限度的需要了。

3.4.3.6　打开气道

对中毒病人口对口吹气前，必须清除其口腔异物，打开气道。打开气道的方法有：仰头举颏（ke）法（抢救中毒病人最常用的方法），仰头抬颈（jing）法，拉颌（he）法三种。

3.4.3.7　判断有无呼吸

抢救者应在保持中毒病人打开气道情况下，耳部贴近病人口、鼻，注视胸部，进行看、听、感觉，如果病人胸部无起伏，无呼吸气流，则病人已无呼吸。

3.4.3.8　人工吹气

抢救中毒病人，应侧面深吸一口气，捏住病人鼻孔，包住病人的嘴并紧贴，连续快速吹气两次（吹气量应为 500～600mL）。每次吹气后抢救者要迅速掉头朝向胸部，以吸入新鲜空气。

3.4.4　打开气道的方法

当心搏停止后，全身肌张力下降，包括咽部肌张力下降，导致舌后坠，造成气道梗阻。如将下颌向前推移，可使舌体离开咽喉部；同时头部后伸可使气道开放。如发现口腔内有异物，如食物、呕吐物、血块、脱落的牙齿、泥沙、假牙等均应尽快清理，否则也可造成气道阻塞。无论选用何种开放气道的方法，均应使耳垂与下颌角的连线和患者仰卧的平面垂直，气道方可开放。在 CPR 的全过程中，应使气道始终处于开放状态。常用开放气道方法如下。

3.4.4.1 仰头举颏法（又叫压额提颏法）

如患者无颈椎损伤，可首选此法。站立或跪在患者身体右侧，用左手小鱼际放在患者前额向下压迫；同时右手食、中指并拢，放在颏部的骨性部分向上提起，使得颏部及下颌向上抬起、头部后仰，气道即可开放。

3.4.4.2 双手拉颌法

如已发生或怀疑颈椎损伤，选用此法可避免加重颈椎损伤，但不便于口对口吹气。站立或跪在患者头顶端，肘关节支撑在患者仰卧的平面上，两手分别放在患者头部两侧，分别用两手食、中指固定住患者两侧下颌角，小鱼际固定住两侧颞部，拉起两侧下颌角，使头部后仰，气道即可开放。

3.4.4.3 仰头抬颈法

站立或跪在患者身体一侧，用一手小鱼际放在患者前额向下压迫；同时另一手放在病人后颈向上将颈部托起，使头部后仰，气道即可开放。在实际操作中，此法优于其他方法，不仅效果可靠，而且省力、不会造成或加重颈椎损伤，而且便于作口对口吹气（因容易造成颈椎损伤，业余人员不提倡用此方法）。

3.4.5 胸外心脏按压术

3.4.5.1 患者体位

使病人仰卧在安全、坚硬、平整的地方，必要时可以抬高下肢。

3.4.5.2 按压部位

定位法一：按压者将一手的手掌根中点与病人两乳连线中点重合，用另一只手手掌根与之重叠上面手指紧扣下面手指，下面手指尽量上翘。

定位法二：触摸颈动脉的食、中指并拢，中指指尖沿患者靠近自己一侧的肋弓下缘，向上滑动至两侧肋弓交汇处定位，即胸骨体与剑突连接处（剑突上方两横指处，或胸骨上 2/3 与下 1/3 交界处）。

3.4.5.3　身体姿势

施救者双臂应伸直，双臂应在病人胸骨正上方，为了省力，上半身可向前倾斜，利用上半身的体重和肩、臂肌肉的力量垂直向下按压胸骨。

3.4.5.4　按压深度

不应低于 5cm，约为胸廓厚度的 1/3，可根据患者体型大小等情况灵活掌握，按压时可触到颈动脉搏动效果最为理想。

3.4.5.5　按压频率

100 次/分钟至 120 次/分钟，不要小于 100 次/分钟。人工吹气与胸外心脏按压的比例为 2∶30，即每做 2 次口对口吹气后，立即做 30 次胸外心脏按压。

3.4.6　胸外心脏按压的注意事项

（1）确保正确的按压部位，既是保证按压效果的重要条件，又可避免和减少肋骨骨折的发生以及心、肺、肝脏等重要脏器的损伤。

（2）双手重叠，应与胸骨垂直。如果双手交叉放置，则使按压力量不能集中在胸骨上，容易造成肋骨骨折。

（3）按压应稳定地、有规律地进行。不要忽快忽慢、忽轻忽重，不要间断，以免影响心排血量。

（4）不要冲击式地猛压猛放，以免造成胸骨、肋骨骨折或重要脏器的损伤。

（5）放松时要完全，使胸部充分回弹扩张，否则会使回心血量减少。但手掌根部不要离开胸壁，以保证按压位置的准确。

（6）下压与放松的时间要相等，以使心脏能够充分排血和充分充盈。

（7）下压用力要垂直向下，身体不要前后晃动。正确的身体姿势既是保证按压效果的条件之一，又可节省体力。

（8）最初做口对口吹气与胸外心脏按压 5 个循环后，检查一次生命体征；以后每隔 5 个循环检查一次生命体征，每次检查时间不得超过 10s。

3.5 现场急救药品、器材配备

（1）急救用品是包括急救药品及器材，在不具备医疗急救条件的基层车间、站场，作业人员出现意外情况下应急使用的救援物品。根据不同的作业环境和不同的危害因素，配备不同的急救药品、器材，并按规定及时更换。

（2）普光气田各基层站场、车间分布于山区不同地方，工作环境艰苦、复杂，除接触硫化氢外，工作中存在的危害因素（隐患）还有甲醇、二氧化硫、氨、高温、外伤、蛇咬等。根据普光气田各基层单位作业环境、危害因素，除硫化氢急性中毒急救用品外，针对性地配备了外伤、蛇咬、防中暑等急救药品、器材。

（3）集输系统、净化系统急救用品配备及用途见表3－5－1、表3－5－2。

表3－5－1　集输系统急救用品配备品种及用途

序号	药品、器材	用　途
1	急救药箱	盛放急救药品和急救器械
2	简易担架	搬运伤病员用
3	2L氧气瓶	用于有毒气体中毒，以及窒息、中暑、哮喘等疾病的吸氧
4	简易呼吸气囊	心肺复苏时人工呼吸（尤其是有害气体中毒人员窒息）
5	绷带	包扎伤口
6	胶布	包扎伤口
7	止血带	用于四肢外伤的严重出血的止血
8	三角巾	外伤伤口的包扎固定
9	碘酒	外伤伤口的消毒（不应用于颜面部）
10	生理盐水	外伤伤口清洗及眼睛的有害气体损伤
11	双氧水	外伤伤口的消毒
12	氯霉素眼药水	用于硫化氢、甲醇、二氧化硫、氨气等刺激性气体所引起的眼部损害
13	地塞米松滴眼液	用于硫化氢、甲醇、二氧化硫、氨气等刺激性气体所引起的眼部损害
14	速效救心丸	用于冠心病、心绞痛发作
15	氨茶碱缓释片	用于哮喘或急性支气管痉挛发作，对于有害气体而致的过敏性哮喘
16	云南白药	用于跌打损伤，淤血肿痛，以及溃疡病止血
17	散列痛	用于骨关节炎，急性创伤，炎症、烧烫伤等引起的疼痛

（续）

序号	药品、器材	用　途
18	654－2 片	用于胃肠平滑肌痉挛疼痛，胆道绞痛，有机磷中毒救治，氨中毒时及早与地塞米松含用
19	地塞米松片	糖皮质激素类药，用于硫化氢、甲醇、二氧化硫的中毒抢救等早期服用
20	呋塞米片	利尿剂，用于硫化氢，二氧化硫，氨气，甲醇，一氧化碳等中毒引起的肺水肿，呼吸困难，现场早期用药
21	对氨基苯丙酮片	硫化氢中毒早期解毒剂
22	湿润烧伤膏	用于各种烧、烫、灼伤
23	氯化铵片	用于硫化氢、甲醇、二氧化硫、氨气等刺激性气体吸入中毒引起的痰多胸闷、咯吐不利，5%溶液可用于氢氧化钙损伤眼睛的冲洗
24	季德胜蛇药	用于毒蛇咬伤、蜂叮咬伤

表 3－5－2　净化系统急救用品配备品种及用途

序号	药品、器材	用　途
1	急救药箱	盛放急救药品和急救器械
2	简易担架	搬运伤病员用
3	简易呼吸气囊	心肺复苏时人工呼吸（由其是有害气体中毒人员窒息）
4	2L 氧气瓶	用于有毒气体中毒，以及窒息、中暑、哮喘等疾病的吸氧
5	绷带	包扎伤口
6	胶布	包扎伤口
7	止血带	用于四肢外伤的严重出血的止血
8	三角巾	外伤伤口的包扎固定
9	止血钳	包扎、换药用
10	手术剪	包扎、换药用
11	碘酒	外伤伤口的消毒（不应用于颜面部）
12	生理盐水	外伤伤口清洗及眼睛的有害气体损伤
13	双氧水	外伤伤口的消毒
14	氯霉素眼药水	用于硫化氢、甲醇、二氧化硫、氨气等刺激性气体所引起的眼部损害
15	地塞米松滴眼液	用于硫化氢、甲醇、二氧化硫、氨气等刺激性气体所引起的眼部损害
16	速效救心丸	用于冠心病、心绞痛发作
17	氨茶碱缓释片	用于哮喘或急性支气管痉挛发作，对于有害气体而致的过敏性哮喘
18	云南白药	用于跌打损伤，淤血肿痛，外伤出血以及溃疡病止血
19	散列痛	用于骨关节炎，急性创伤，炎症、烧烫伤等引起的疼痛
20	654－2 片	用于胃肠平滑肌痉挛疼痛，胆道绞痛，有机磷中毒救治，氨中毒时及早与地塞米松含用

（续）

序号	药品、器材	用　途
21	地塞米松片	糖皮质激素类药，用于硫化氢、甲醇、二氧化硫的中毒抢救等早期服用
22	呋塞米片	利尿剂，用于硫化氢，二氧化硫，氨气，甲醇，一氧化碳等中毒引起的肺水肿，呼吸困难，现场早期用药
23	对氨基苯丙酮片	硫化氢中毒早期解毒剂
24	湿润烧伤膏	用于各种烧、烫、灼伤
25	氯化铵片	用于硫化氢、甲醇、二氧化硫、氨气等刺激性气体吸入中毒引起的痰多胸闷、咯吐不利，5%溶液可用于氢氧化钙损伤眼睛的冲洗
26	季德胜蛇药	用于毒蛇咬伤、蜂叮咬伤
27	沙丁胺醇气雾剂	用于各种气体中毒所致呼吸道痉挛导致的呼吸困难
28	爱全乐气雾剂	用于各种气体中毒所致呼吸道痉挛导致的呼吸困难
29	布地奈德气雾剂	用于各种气体中毒所致呼吸道痉挛导致的呼吸困难
30	人丹	防治高温中暑
31	藿香正气液	防治高温中暑
32	十滴水	防治高温中暑
33	维生素 C	治疗氨中毒所致的呼吸道症状
34	呋嘛滴鼻液	氨所致的鼻粘膜刺激症状：鼻塞、疼痛等
35	阿司匹林	阿斯匹林和盐酸异丙嗪联合使用可能防止臭氧所致的肺水肿形成
36	盐酸异丙嗪	使用于臭氧所致的过敏症状

复习思考题

1. 硫化氢侵入人体的途径有哪几个？
2. 硫化氢中毒主要损伤人体的哪些系统？
3. 硫化氢中毒的医疗程序有哪些？
4. 将硫化氢中毒者救离危险区的方法有哪些？
5. 现场救护措施是什么？
6. 简述心肺复苏的步骤。
7. 胸外心脏按压的操作要领是什么？
8. 常用的打开气道的方法有哪些？

第4章

硫化氢对设备的腐蚀及防护

防腐是高酸气田开发生产的重点和难点。硫化氢、二氧化碳等介质对井下管柱、设备、集输系统、天然气净化装置的腐蚀影响着气田的安全高效开发。川东北的天然气资源大部分含有硫化氢和二氧化碳。其中80%系酸性天然气，多数气田硫化氢含量为1%～13%（体积分数），最高可达35.11%。硫化氢导致金属材料突发性的硫化氢应力开裂（SSC），造成巨大的经济损失，泄漏出硫化氢的毒性也威胁着人身安全。

4.1 硫化氢对材料的腐蚀

油气生产中，由于硫化氢腐蚀造成事故的案例很多。

威成输气线越溪段在投产20个月后，采出的天然气中含有硫化氢并在水平段有积液导致了该部位破裂。在积水段气水交界处有一条长约520mm、宽约7mm的条型腐蚀槽，槽中央最薄处的壁厚只有0.5mm。同时管内发现大量的黑色腐蚀产物，主要为硫化亚铁，腐蚀以硫化氢为主。威远气田威23井（硫化氢含量为1.2%），N80套管与大四通底法兰丝扣连接处的加固焊缝发生脆裂，导致井口爆炸，井喷44天。

2006年24日9点左右宣汉县毛坝四井在取心钻进中，接单根后发生卡钻，25日注清水27m^{3}浸泡未解卡，26日注25.3m^{3}解卡剂，8点解卡。8点15分提出一根钻杆循环解卡剂时发生溢流，随即关井控制井口，9点15分压井准备中，发现悬重1100t降至550t，钻具发生氢脆掉落井下，7月31日压完井，起出钻具1011.75m，捞落鱼2929.35m。后经过31次打捞，捞出落鱼19节，最短的0.24m。井下余226.3m再也无法捞出，随后决定侧钻。

4.1.1 硫化氢对金属材料的腐蚀

硫化氢在干燥的环境中对金属的腐蚀较轻，一旦溶于水后，对油气井套管、井下工具、集输管道、天然气净化装置等金属材料有很强的腐蚀性。

4.1.1.1 对金属的腐蚀形式有两种

即电化学腐蚀、硫化氢应力开裂。硫化氢应力开裂主要可分为氢脆和硫化物应力腐蚀开裂。在油气田勘探开发中氢脆破坏为主要腐蚀形式。

4.1.1.2 硫化氢应力开裂的定义

金属材料在硫化氢环境中可能发生多种开裂形式，工程上经常把在硫化氢中产生的所有开裂形式统称为硫化氢应力开裂。主要分为以下几种：氢鼓泡（HB）、氢致开裂（HIC）、硫化物应力腐蚀开裂（SSCC）、应力导向氢致开裂（SOHIC）、软区裂纹（SZC）、氢应力开裂（HSC）。

4.1.1.3 硫化氢应力开裂的主要类型

氢鼓泡（HB）：氢鼓泡（HB）：腐蚀过程中析出的氢原子向钢中扩散，在钢材的非金属杂物、分层和其他不连续处，易聚集形成氢分子，由于在钢的组织内部氢分子很难逸出，形成强大内压导致周围组织屈服，形成表面层下的平面孔隙结构称为氢鼓泡，其分布平行于钢板表面。它的发生与外加应力无关，与材料中的夹杂物等缺陷密切相关。

氢致开裂（HIC）：氢开裂（HC）：在 H_2S 分压超过 3×10^{-4}MPa 时，不同层面上的相邻氢鼓泡裂纹相互连接，形成阶梯状特征的内部裂纹称为氢诱导开裂，裂纹可扩展到金属表面。HIC 与钢材内部的夹杂物或合金元素在钢中偏析产生的不规则微观组织密切相关。

硫化物应力腐蚀开裂（SSCC）：S 硫化物应力腐蚀开裂（SSCC）：就是在拉应力或残余压力的作用下，可扩散氢会在应力梯度下在三向应力集中区域积聚而导致沿应力集中方向发生开裂的现象。

4.1.2 硫化氢对非金属材料的影响

硫化氢对非金属材料主要是加速非金属材料的老化。在油气田勘探开发、地面设备、完井井口装置、井下工具及天然气净化联合装置中大量采用橡胶、浸油石墨、石棉等非金属材料制作的密封件，它们在硫化氢环境中使用一定时间后，橡胶会产生鼓泡胀大、失去弹性；浸油石墨及石棉绳上的油被溶解而导致密封件的失效，造成天然气泄漏引起的火灾、爆炸、中毒等严重事故。

4.1.3　硫化氢对井下水泥环柱的腐蚀

井下包着套管的水泥环柱的先导腐蚀可引起和加快套管的腐蚀和破坏。水泥石孔隙特别是贯通孔道，构成了腐蚀介质的通道。硫化氢能破坏水泥石的所有成分，水泥石所有水化产物都呈碱性，硫化氢与水泥石水化产物反应生成硫化钙、硫化铁、硫化铝没有胶结性的物质。如果水泥环耐硫化氢腐蚀，则可以阻挡硫化氢对套管的腐蚀。溶于潮气中的硫化氢腐蚀性更强。长庆油田 1989 年 299 口报废井中拔出的套管，几乎都不黏附水泥，水泥石也疏松多孔，经分析其中有部分为硫化氢腐蚀的结果。

4.2　硫化氢的腐蚀机理

4.2.1　硫化氢电化学腐蚀机理

4.2.1.1　硫化氢溶在水中分步离解

$$H_2S \rightleftharpoons HS^- + H^+ \rightleftharpoons S^{2-} + 2H^+$$

反应平衡式向左或向右取决于溶液的 pH 值，在中性和碱性介质中含硫氢离子最多，在酸性介质中含分子硫化氢最多（图 4－2－1）。硫化氢在溶液中的饱和度随温度升高而降低，随压力增大而增加。从图 4－2－1 中可看出：

pH 值高时，硫化氢分子转为离子态硫化物，它对人体无直接危害。若 pH 值下降，硫化物离子则还原成 H_2S 分子对人体毒性极强。

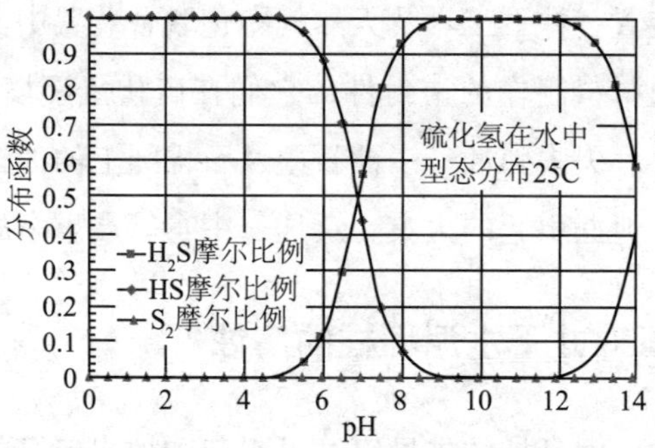

图4-2-1　pH值与硫化氢和硫化物离子的关系

4.2.1.2　硫化氢对金属的腐蚀

硫化氢对金属的腐蚀本质是氢去极化过程，反应式如下：

$$Fe-2e \rightarrow Fe^{2+} \qquad \text{（阳极反应）}$$

$$2H+2e \rightarrow H_2\uparrow \qquad \text{（阴极反应）}$$

上述反应式简化表述了硫化氢对金属材料的电化学腐蚀机理，而实际腐蚀机理要复杂得多。硫化氢与金属材料反应生成硫铁化合物，最常见的是硫化亚铁。硫化亚铁对于铁和钢是阴极，与之形成的电位差可达0.2~0.4V，电化学腐蚀使钢材表面产生蚀坑、斑点和大面脱落，造成设备变薄、穿孔、强度减弱等现象，甚至造成破坏。硫化氢的电化学严重腐蚀程度与水溶液中硫化氢的浓度之间的关系如图4-2-2所示。曲线表明硫化氢超过一定值时，腐蚀速度下降（由于金属材料表面形成硫化压铁保护膜）。

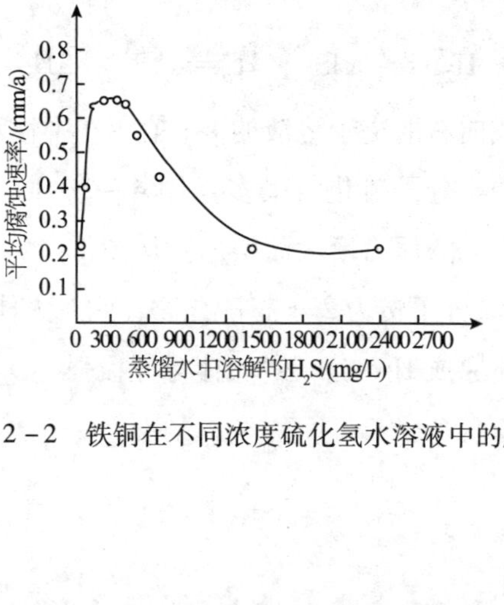

图4-2-2　铁铜在不同浓度硫化氢水溶液中的腐蚀

4.2.2 金属材料氢脆破坏的机理

硫化氢对金属材料的腐蚀破坏，其主要危险不在于电化学腐蚀，而在于硫化氢导致的开裂。

4.2.2.1 氢脆机理（氢压理论）

硫化氢电化学腐蚀产生的氢原子，在向钢材内部扩散过程中遇到晶格缺陷、夹杂或其他缺陷时，氢原子就在这些地方结合成比氢原子体积大 20 倍的氢分子，体积发生膨胀，这样就在钢材内部产生极大的内压力（可高达 30MPa 以上），致使钢发生氢鼓泡或氢致裂纹，并使钢材变脆，延展性下降，出现破裂，即为氢脆。

金属材料的硬度愈大，发生氢脆的可能性越大，而低强度塑性好的钢材则具有良好的耐氢致开裂。因此，NACE MR0175 标准规定含硫油气田使用的钢材，硬度不大于 HRC22。若需使用硬度比上述要求高的钢材，必须经适当的热处理并根据 NACE TM0284 标准进行含硫化氢介质环境中试验，证实其具有抗硫化氢应力腐蚀开裂性能后方可采用。

4.2.2.2 硫化物应力腐蚀开裂的 5 个特征

（1）多为解理或准解理断口，像陶瓷断口不存在塑性变形；

（2）发生在受拉应力时，断口主裂纹与拉力方向垂直；

（3）多在低应力下破裂；

（4）破裂往往是突然性断裂，通常没有先兆；

（5）裂纹源多发生在应力集中点。

4.2.3 硫化氢对水泥环柱的腐蚀机理

潮湿的硫化氢呈酸性，水泥石呈碱性，硫化氢与水泥石一旦接触，就会与水泥石表面的氧化钙起化学反应，反应速率取决于硫化氢的化学势包括扩散和化学过程，这时渗入速率很大。当表面形成反应产物后，渗入速率减慢。

硫化氢对水泥环柱的腐蚀过程分两个步骤进行：

（1）酸离子向水泥石内部扩散，在有液相存在时硫化氢扩散很快。

（2）当 pH > 11 时，硫化氢以 S^{2-} 和 HS^- 形式对水泥石进行腐蚀反应；当 pH < 6 时，硫化氢分子快速扩散进入水泥石体，使 pH 降低；当 8 < pH < 12 时，则主要以 S^{2-} 状态存在。温度增加使硫化氢的存在状态左移。

4.3 影响硫化氢腐蚀的因素

影响硫化氢腐蚀的因素众多并且复杂，但从大的因素方面讲就两个，即材料因素、环境因素。现列举以下几个方面，供大家参考。

4.3.1 材料因素

显微组织：当硬度相近时，在晶格热力学上越处于平衡状态的组织，就越能提高材料抗 SSC 性能。

材料硬度：钢材的硬度是影响钢材 SSC 失效的重要因素，是控制钢材发生 SSC 的重要指标。一般来讲，随着强度级别的升高，钢材硬度越高，开裂所用时间越短，SSC 敏感性越高。

屈服强度：随屈服强度的升高，临界应力和屈服强度的比值下降，即 SSC 敏感性增加。

合金元素：抗硫碳钢在成分上要求尽可能的降低碳（C）、硫（S）、磷（P）的含量，并控制镍（Ni）、锰（Mn）含量。

4.3.2 溶液 pH 值

通常在 pH≥9 的情况下，钢材不会发生硫化氢应力腐蚀，如果有其他有害杂质的作用下才可能发生。

pH≤4.5 的酸性溶液中，易发生硫化氢应力腐蚀，且 pH 值越低，应力腐蚀开裂的可能性就越大。

4.3.3 温度

低温下钢在硫化氢水溶液中的腐蚀随温度的上升而增加。10% 的硫化氢水溶液中当温度由 55℃上升到 84℃时，其腐蚀速度大约增加 20%，若温度继续上升其腐蚀速度反而降低。在 100～120℃之间的腐蚀速度反而减小。

对于氢脆和硫化物应力腐蚀而言，随温度上升，氢在钢中的溶解度会下降，因此，发生开裂的可能性也会下降，当温度大于 93℃时，发生硫化氢应力开裂的概率较低。

4.3.4　介质流速

当流速高于 10m/s 时，容易发生冲刷腐蚀，缓蚀剂也不再起作用。如果气体的流速太低可造成管线设备低部积液，而发生腐蚀，通常规定气体的流速应大于 3m/s 而小于 10m/s。

4.4　硫化氢腐蚀的控制措施

硫化氢腐蚀导致金属材料突发性的硫化物应力开裂（SSC），非金属老化，固井水泥环柱的腐蚀等不仅造成巨大的经济损失，同时硫化氢的毒性还会威胁着人身安全。因此在勘探开发、集输、净化天然气生产过程中，必须重视硫化氢腐蚀的防治。目前，主要采取以下措施。

4.4.1　重视选材

普光气田属高含硫气田，硫化氢分压远高于可能发生硫化物应力腐蚀开裂的下限压力（美国腐蚀工程师协会认为 0.34kPa），因而硫化氢分压一旦大于 0.34kPa 时，必须使用防硫材料。一般环境因素硫化氢环境使用的钢级应执行 NACE MR0175/ISO 15156 标准。

NACE 标准没有给硫化氢分压超过 1MPa（$P_{H_2S}>1$MPa）的碳钢提供使用安全规范，因此，当碳钢用于 $P_{H_2S}>1$MPa 环境时，必须进行选材实验。

4.4.2　控制温度

温度对硫化氢应力腐蚀开裂的影响较大。在 25℃左右，金属被破坏所用的时间最短，硫化氢应力腐蚀最为活跃；当温度升高到一定值（93℃）以上时，氢的扩散速度极大，反而从钢材中逸出，不会发生应力腐蚀。

图 4-4-1 表示了钢材的硫化物应力腐蚀破裂的敏感性与温度的关系。

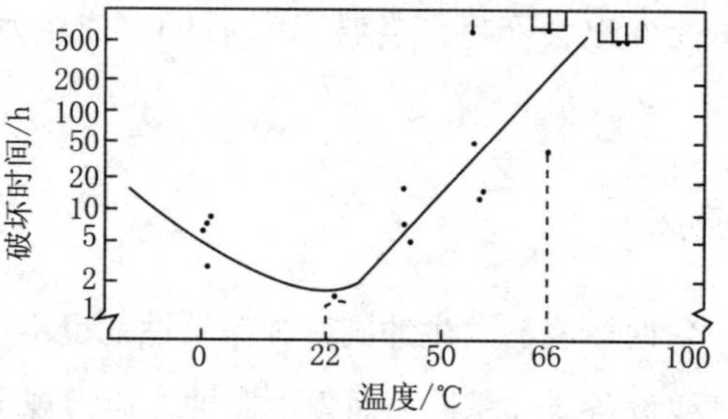

图 4-4-1　温度对硫化物应力腐蚀的影响

4.4.3　提高 pH 值

pH 值对电化学失重腐蚀和硫化物应力腐蚀开裂的影响较大。随着溶液 pH 值降低（酸性增大），电化学失重腐蚀和硫化物应力腐蚀都增加。当 pH >9 时，就很少发生硫化物应力腐蚀开裂。故在钻含硫地层时，钻井液 pH 值应始终控制在 9.5 以上。

图 4-4-2 表示在含硫化氢和不含硫化氢溶液中 pH 值对钢材的破坏时间的影响。

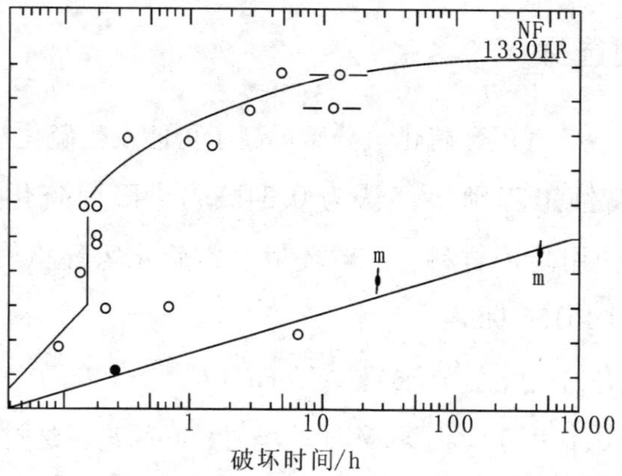

图 4-4-2　在含硫化氢和不含硫化氢溶液中钢的破坏时间与 pH 值的关系

4.4.4 加缓蚀剂

基于经济考虑，材料的选择往往不能仅靠材料本身进行防腐。碳钢由于成本低廉，依然是常用的结构材料。通常选用抗硫碳钢来防止发生硫化氢应力开裂，同时，运用缓蚀剂来降低电化学腐蚀。含硫气田使用的缓蚀剂多为有机物缓蚀剂，常用的有咪唑啉类或季铵盐类，它们可以在金属表面形成一层保护膜，把金属与环境隔离开来，达到减缓腐蚀的目的。

4.4.5 加除硫剂

在含硫油气层钻进时，用除硫剂经化学反应将随岩屑和溢流进入钻井液中的硫化氢转变为一种稳定的惰性物质，不与钢材起反应，达到抑制腐蚀的目的。大多数除硫剂都是通过吸附或离子反应沉淀方式起作用。若为表面吸附式，则泥浆需充分搅拌以保证与硫化氢之间有充分接触的机会；若为离子反应沉淀式，则需了解除硫剂的特点，保证钻井液各种参数（如 pH 值和含盐量等）以有利于除硫剂充分发挥作用。

4.4.6 表面处理

表面处理是使金属与硫化氢等腐蚀介质隔绝，不让腐蚀介质与金属直接接触，免受硫化氢的腐蚀破坏。常用的有涂层、镀层等。从 20 世纪 60 年代初国外就在推广应用该技术。比如钻杆内壁涂层技术，美国在 70 年代末大约有 90% 的钻杆制造厂在其出售的产品中都有内涂层。此外，法国、德国、日本也都生产涂层钻杆。国内从 70 年代末开始研究并推广应用钻杆内涂层技术。用得较广泛，效果更好的涂层材料是塑料，用塑料涂层保护钻具。有涂层的钻杆，使用寿命可延长 2 ~3 倍，并且由于涂层光滑，从而降低了磨损，提高了液流速度，减少了钻杆消耗和事故。

普光气田井口采用的堆焊技术也是一种表面处理技术，抗硫碳钢制成的井口内壁堆焊了一层 718 镍基合金，有效地降低了井口的腐蚀。

需要强调的是，NACE 标准明确指出，不能够单靠涂层或镀层来抗硫化物应力开裂，涂层或镀层主要用于降低电化学腐蚀速率。

复习思考题

1. 硫化氢的腐蚀类型有哪些？
2. 硫化氢的腐蚀与哪些因素有关？
3. 生产中，防治硫化氢的腐蚀的措施有哪些？

第5章 其他有害气体的防护

在高含硫气田开发中，除了会遇到剧毒的硫化氢气体以外，还可能遇到二氧化硫、一氧化碳、二氧化碳等气体，这些有毒有害气体对人、生产设备及环境都可产生很大的影响和破坏，了解这些气体的理化特性、来源、危害等有着极其重要的意义。因此，掌握这些气体的基本防护尤为重要。

5.1 二氧化硫

5.1.1 二氧化硫的理化特性

二氧化硫也称亚硫酸酐，属于无机物，分子式为 SO_2，相对分子质量为 64.07，常温常压下为具有强烈辛辣窒息性刺激气味的无色有毒气体，熔点为 -72.7℃，沸点为 -10.0℃，极易液化，标准状况下气态密度为 3.049kg/m^3，密度比空气大，与空气的相对密度为 2.264，易溶于水（1∶40）和油，溶解度随溶液温度的升高而降低。易溶于甲醇和乙醇，溶于硫酸、乙酸和乙醚等。

二氧化硫在空气中不燃烧，不助燃；在室温下，绝对干燥的二氧化硫反应能力很弱，只有强氧化剂才可将二氧化硫氧化成三氧化硫；或在催化剂存在时氧才能将二氧化硫氧化为三氧化硫；常温下，潮湿的二氧化硫与硫化氢一起反应析出硫；在高温及催化剂存在的条件下可被氢还原成为硫化氢，被一氧化碳还原成为硫；对铜、铁不腐蚀；潮湿时，对金属有腐蚀作用；不能与下列物质共存：卤素或卤素相互间形成的化合物、硝酸锂、金属乙炔化物、金属氧化物、氯酸钾。

5.1.2 二氧化硫的来源

污染大气的含硫化合物主要有硫化氢、二氧化硫、三氧化硫、硫酸酸雾及硫酸盐气溶胶等。据统计，地球上全年产生二氧化硫的质量超过 3×10^8t，其中人为源与天然源约各占一半。人为源主要是矿物燃料和含硫矿物的燃烧。煤的含硫量约为0.5%～5%，石油的含硫量则为0.5%～3%，其中绝大部分为可燃性硫化物，硫在燃料中以无机硫化物或有机硫化物的形式存在。无机硫绝大部分以硫化物矿物的形式存在，燃烧时主要生成二氧化硫。石油天然气作业中的二氧化硫主要由含硫化氢天然气及净化脱硫厂尾气燃烧形成。

二氧化硫来源于含硫化石燃料如煤、褐煤和重油的燃烧，其中煤和褐煤约占全世界与能源有关的二氧化硫排放总量的80%，剩余的20%来自石油，它们所占的比例因各国能源结构而异。城市环境空气中的二氧化硫主要来自火力发电厂、工业锅炉、金属冶炼厂、造纸厂、生活取暖、炊事、垃圾焚烧及柴油机动车的排放等。化石燃料的燃烧、含硫矿石的冶炼、硫酸、磷肥等生产的工业废气也会产生二氧化硫。大气中的二氧化硫主要来源于燃料的燃烧、火山爆发、分解者的分解作用、燃烧含硫燃料、熔炼硫化矿石、烧制硫磺、制造硫酸和亚硫酸、制造硫化橡胶、制冷、漂白、消毒、熏蒸杀虫、镁冶炼、石油精炼、某些有机合成等。烟花、爆竹的主要成分是硝酸钾、硫磺和木炭，有的还含有氯酸钾。当烟花、爆竹点燃时，会迅速燃烧，产生二氧化碳、一氧化碳、二氧化硫、一氧化氮、二氧化氮等气体及金属氧化物粉尘，这些有毒有害气体是无形的“杀手”，对我们的呼吸系统、神经系统和心血管系统有一定的损害作用，对眼睛也有刺激作用。

5.1.3 二氧化硫的危害

二氧化硫的阈限值为5.4 mg/m^3（2 ppm），立即威胁生命和健康的质量浓度为270 mg/m^3（100 ppm）。急性二氧化硫中毒是在生产劳动或其他职业活动中，短时间内接触高浓度的二氧化硫气体所引起的，以急性呼吸系统损害为主的全身性疾病。

二氧化硫是污染大气的主要有害物质之一，对环境的危害也是极其严重的，在其体积分数低于 0.3 ppm 时即开始对植物产生影响，低浓度、长时间（几天或几周）的作用会抑制叶绿素的生长，使叶子慢性损伤而变黄，高浓度、短时间作用可造成急性叶损伤。故在排放废气未经处理的硫酸厂或有色金属冶炼厂周围的原野上，往往常年一片枯黄色。其长期污染可使植物无法生长，周围农田、山林被毁，寸草不生。

废气污染严重破坏自然生态平衡。废气常常跟大气中的飘尘结合在一起，进入人和其他动物的肺部，或在高空中与水蒸气结合成酸性降水，对人和其他动植物造成危害。

二氧化硫进入大气中会发生氧化反应，形成亚硫酸、硫酸铵和有机硫化物等酸性气溶胶。反应可在气相、液相和固相表面进行，氧化速率与太阳辐射强度、温度、湿度、氧化剂及催化剂的存在等因素有关。在冬季雾天，二氧化硫能被雾滴中的各种金属杂质和细粒子表面的碳催化转化成硫酸盐和硫酸气溶胶。在夏季晴天，二氧化硫能被光化学反应产生的臭氧等强氧化剂氧化转化成硫酸盐和硫酸盐气溶胶。因此，目前在二氧化硫对环境影响的研究中，已将更多的注意力集中于酸性气溶胶和悬浮颗粒物细粒子所起的作用上。二氧化硫气体可以穿窗入室或渗入建筑物的其他部位，使金属制品或饰物变暗，使织物变脆破裂，使纸张变黄发脆。

大气中二氧化硫的平均停留时间约为 3～6.5d，主要通过降水清除或氧化成硫酸盐微粒后再沉降或被雨水除去。此外，土壤的微生物降解、化学反应、植被和水体的表面吸收等都是大气中二氧化硫的去除途径。

二氧化硫气体对人体有刺激和伤害作用，毒性和盐酸大致相同。其进入人体的主要途径是经呼吸道吸收，可引起呼吸道及眼黏膜不同程度的刺激症状。二氧化硫进入呼吸道后，因其易溶于水，故大部分被阻滞在上呼吸道，在湿润的黏膜上生成具有腐蚀性的亚硫酸、硫酸和硫酸盐，使刺激作用增强。上呼吸道的平滑肌因有末梢神经感受器，遇刺激就会产生窄缩反应，使气管和支气管的管腔缩小，气道阻力增加。上呼吸道对二氧化硫的这种阻留作用，在一定程度上可减轻二氧化硫对肺部的刺激。但进入血液的二氧化硫仍可通过血液循环抵达肺部产生刺激作用。有的病人可因合并细支气管痉挛而引起急性肺气肿。有的患者出现昏迷、血压下降、休克和呼吸中枢麻痹等症状。个别患者因严重的喉头痉挛窒息而致死。较高浓度的二氧化硫可使肺泡上皮脱落、破裂，引起自发性气胸，导致纵膈气肿。液体二氧化硫引起皮肤及眼灼伤，溅入眼内可立即引起角膜浑浊，浅层细胞坏死或角膜瘢痕。皮肤接触后可呈现灼伤、起泡、肿胀、坏死。

二氧化硫被吸收进入血液会对全身产生毒副作用，它能破坏酶的活力，从而明显地影响碳水化合物及蛋白质的代谢，对肝脏有一定的损害，机体的免疫受到明显抑制。

二氧化硫是具有窒息性气味的气体，低质量浓度的二氧化硫（10mg/m^3 以下）的危害主要是刺激上呼吸道，较高质量浓度（100 mg/m^3 以上）时会引起深部组织障碍，更高质量浓度（400 mg/m^3 以上）时会致人呼吸困难和死亡。二氧化硫的体积分数为 10～15 ppm 时，呼吸道纤毛运动和黏膜的分泌功能均能受到抑制。体积分数达到 20 ppm 时，引起咳嗽并刺激眼睛。若每天吸入 100 ppm 的二氧化硫 8 h，支气管和肺部会出现明显的刺激症状，使肺组织受损。体积分数达到 400 ppm 时，可使人呼吸困难。二氧化硫与飘尘一起被吸入，飘尘气溶胶微粒可把二氧化硫带到肺部使毒性增加 3～4 倍。若飘尘表面吸附金属微粒，在其催化作用下，使二氧化硫氧化为硫酸雾，其刺激作用比二氧化硫增强约 1 倍。长期生活在大气污染的环境中，由于二氧化硫和飘尘的联合作用，可促使肺泡纤维增生。如果增生范围波及广泛，形成纤维性病变，发展下去可使纤维断裂形成肺气肿。二氧化硫还可以加强致癌物的致癌作用。最新研究证实，二氧化硫及其衍生物不仅对呼吸器官有毒理作用，而且对其他多种器官（如脑、心、肝、胃、肠、脾、胸腺、肾、睾丸及骨髓细胞）均有毒理作用，是一种全身性毒物，而且是一种具有多种毒性作用的毒物，因而成为人体健康的最大“杀手”。患有心脏病和呼吸道疾病的人对这种气体最为敏感，空气中的二氧化硫只有 1 ppm 时，他们就会感到胸部有一种被压迫的不适感；当达到 8 ppm 时，就会感到呼吸困难；当达到 10 ppm 时，咽喉纤毛就会排出黏液，二氧化硫会刺激人体的眼和鼻黏膜等呼吸器官，引起鼻咽炎、气管炎、支气管炎、肺炎及哮喘病、肺心病等。不同含量的二氧化硫对人体的危害见表 5－1－1。

表 5-1-1　不同含量 SO_2 对人体的危害

二氧化硫的体积分数/ppm	影响及危害
0.3	敏感者能感觉出刺激性气味
1	具有刺激性气味，可能引起呼吸改变
2	阈限值
5	灼伤眼睛，刺激呼吸，对嗓子有较小的刺激
12	刺激嗓子咳嗽，胸腔收缩，流眼泪和恶心
100	立即对生命和健康产生危险
150	产生强烈的刺激，只能忍受几分钟
500	吸入一口即产生窒息感；应立即救治，施行人工呼吸进行心肺复苏
1000	如不立即救治会导致死亡，应马上施行人工呼吸或心肺复苏

5.1.4　二氧化硫中毒症状

吸入一定浓度的二氧化硫会引起人身伤害甚至死亡。暴露于其质量浓度低于 54 mg/m^3。(20 ppm) 的环境中，会引起眼睛、喉咙、呼吸道炎症，胸痉挛和恶心；暴露于其质量浓度超过 54 mg/m^3 (20 ppm) 的环境中，可引起明显的咳嗽、打喷嚏、眼部刺激和胸痉挛；暴露于其质量浓度为 135 mg/m^3 (50 ppm) 的环境中，会刺激鼻和喉，流鼻涕、咳嗽和反射性支气管缩小，使支气管黏液分泌增加，肺部空气呼吸难度立刻增加（呼吸受阻）。大多数人都不能在这种空气中承受 15 min 以上。据报道，暴露于高浓度的二氧化硫中产生的剧烈反应不仅包括眼睛发炎、恶心、呕吐、腹痛和喉咙痛，随后还会发生支气管炎和肺炎，甚至几周内身体都很虚弱。长期接触低浓度的二氧化硫，会引起嗅觉、味觉减退甚至消失，头痛、乏力，牙齿酸蚀，慢性鼻炎、咽炎、气管炎、支气管炎、肺气肿、肺纹理增多、弥漫性肺间质纤维化及免疫功能减退等。

二氧化硫中毒症状的分级如下：

5.1.4.1　刺激反应

出现流泪，畏光，视物不清，鼻、咽、喉部灼烧感及疼痛，咳嗽等眼结膜和上呼吸道刺激症状，短期内 (1 ~ 2d) 能恢复正常，体检及 X 线征象无异常。

5.1.4.2 轻度中毒

除刺激反应临床表现外，伴有头痛、头晕、恶心、呕吐、乏力等全身症状，眼结膜、鼻黏膜及咽喉部充血水肿，肺部有明显干性罗音或哮鸣音，胸部X线征象表现为肺纹理增强。

5.1.4.3 中度中毒

除轻度中毒临床表现外，尚有声音嘶哑、胸闷、胸骨后疼痛、剧烈咳嗽、痰多、心悸、气短、呼吸困难及上腹部疼痛等；体征有气促、轻度紫绀、两肺有明显湿性罗音；胸部X线征象示肺野透明度降低，出现细网和（或）散在斑片状阴影，符合肺间质水肿征象。

5.1.4.4 重度中毒

严重者导致支气管炎、肺炎、肺水肿，甚至出现呼吸中枢麻痹，如当吸入二氧化硫的质量浓度高达5240 mg/m^3 时，就会立即引起喉痉挛、喉水肿，迅速死亡。液态二氧化硫污染皮肤或溅入眼内，可造成皮肤灼伤和角膜上皮细胞坏死，形成白斑、疤痕。出现下列情况之一者，即可诊断为重度二氧化硫中毒：

（1）肺泡肺水肿。

（2）突发呼吸急促，超过28次/分；血气 PaO_2 小于8 kPa，吸入气中氧气的体积分数小于50%时 PaO_2 无改善，且有下降趋势。

（3）合并重度气胸、纵膈气肿。

（4）窒息或昏迷。

（5）猝死。

5.1.5 二氧化硫中毒的急救

（1）迅速将患者移离中毒现场至通风、空气新鲜处，松开其衣领，使其静卧，保暖、吸氧。将碳酸氢钠、氨茶碱、地塞米松、抗生素雾化使其吸入。

（2）眼损伤受刺激时，用大量生理盐水、温水或2%的碳酸氢钠溶液（即苏打水）彻底冲洗眼结膜囊，滴入醋酸可的松溶液和抗生素，如有角膜损伤者，应由眼科及早处理。

(3) 呼吸系统有强烈刺激的患者，呼吸道可能灼伤，应给其服牛奶、蜂蜜或用苏打溶液漱口，以减轻刺激。

(4) 如果呼吸微弱或停止，要进行输氧或人工呼吸。对可能有肺水肿者不能进行人工呼吸，而应给予输氧。需要时可用二甲基硅油消泡剂，必要时切开气管。所以应注意防治肺水肿，一经发现应早期、足量、短期地应用糖皮质激素进行治疗。

吸入高浓度的二氧化硫后，虽无客观体征，但有明显的刺激反应者，应观察48h，并对症治疗。可采用氧疗、防治感染、合理输液、纠正电解质紊乱及抗休克等方法，与内科治疗原则相同。急性轻、中度中毒者治愈后可恢复工作。重度中毒者或中毒后有持续明显的呼吸系统症状者，应调离刺激性气体作业岗位。

在生产、运输和使用二氧化硫时应严格按照刺激性气体有害作业要求操作并做好个人防护，可将数层纱布用饱和碳酸氢钠溶液及1%的甘油湿润后夹在纱布口罩中，工作前后用2%的碳酸氢钠溶液漱口。生产场所应加强通风排毒，空气中二氧化硫的浓度不应超过国家规定的允许浓度。有明显呼吸系统及心血管系统疾病者，禁止从事与二氧化硫有关的作业。

5.2　一氧化碳

一氧化碳是由含碳的物质如煤、木材等在不完全燃烧时产生的，一氧化碳进入人体后很快与血红蛋白结合，形成碳氧血红蛋白，而且不易解离，碳氧血红蛋白会阻止氧气与血液里的血红蛋白结合。浓度高时还可与细胞色素氧化酶的铁结合，抑制细胞呼吸而中毒。一般人常在无意中发生中毒而自己不知道，每年总有一些病例在被发现时，因中毒太深而无法挽救。一氧化碳在标准状况下和空气的密度相差很小，这也是容易发生煤气中毒的原因之一。一氧化碳还严重污染人类的生活、工作环境，因此对其要特别重视。

各国对一氧化碳在室内和室外空气中的允许含量都规定了一定的标准。我国规定大气中一氧化碳的质量浓度的卫生标准为1mg/m^3（日平均质量浓度），室内一氧化碳的质量浓度的卫生标准为10mg/m^3。我国许多地区冬季用煤炉取暖，从采暖期到非采暖期，室内外空气中一氧化碳的含量变化很大。

合理使用一氧化碳不会引起中毒。一氧化碳可用于化学合成如合成甲醇、光气等，可用做气体燃料、有机合成原料（碳化学系列产品的制造）、冶金工业精炼用还原剂、石化工业聚烯烃塑料生产反应终止剂、半导体工业多晶碳钻石膜生产中化学气相卡日淀积工艺的碳源、激光气体组分、标准混合气等的制备原料。因一氧化碳采用还原法（又称木炭法）生产工艺，无硫、砷、汞等有害杂质成分，特别适用于渔业深加工、保鲜用气。

5.2.1　一氧化碳的理化性质

一氧化碳在常温常压下为无色、无臭、无味、无刺激性的有毒窒息性气体。分子式为 CO，相对分子质量为 28.01，微溶于水（1∶0.02），溶于乙醇、苯等多数有机溶剂，熔点是 -199．1℃，沸点为 -191．5℃，标准状况下气体密度为 1.250 4 kg/m^3，相对密度为 0.967，在空气中的可燃范围为 12.5% ~74.2%，在空气中最低燃点为 630℃，最易引燃的体积分数是 30%，产生最大爆炸压力的体积分数为 35.2%，最大爆炸压力为 6.3 kg/cm^3，火灾危险度极大。

一氧化碳分子中碳元素的化合价是 +2，能进一步被氧化成 +4 价，从而使一氧化碳具有可燃性和还原性。一氧化碳能够在空气或氧气中燃烧，生成二氧化碳，燃烧时发出蓝色的火焰，同时放出大量的热，可以作为气体燃料。一氧化碳作为还原剂，高温时能将许多金属氧化物还原成金属单质，因此常用于金属的冶炼。利用还原作用，在室温下有锰及铜的氧化物混合存在时，一氧化碳可氧化成二氧化碳，有一种防毒面具就是利用这种原理制成的。一氧化碳与酸、碱和水不起反应。

一氧化碳是有毒气体，在没有任何刺激的情况下进入人体会慢慢引起中毒。这时，人不仅感觉不到而且还有某种快感，所以它更是危险可怕的气体。它微溶于水，易溶于盐酸、氨水和氯化亚铜溶液，也溶于乙酸乙酯、三氯甲烷、乙酸等有机溶剂。一氧化碳与一些物质混合接触时有爆炸、着火危险。

5.2.2　一氧化碳的来源

一氧化碳的来源十分广泛，工农业生产中一切含碳物质燃烧不完全时都可产生一氧化碳。例如，家庭用煤炉、燃气热水器和汽车发动机废气为一氧化碳常见的来源。据统计，全世界每年一氧化碳的总排出量达 3.7×10^8t，其中大气中人为排放的一氧化碳一半以上来自汽车废气，在一些交通拥挤的大城市，汽车流量高峰时，大气中一氧化碳的质量浓度常达到 20 mg/m^3 以上。工业生产中存在一氧化碳的作业则不下 70 余种，如冶金工业中炼焦、炼铁、锻冶、铸造和热处理的生产，化学工业中合成氨、丙酮、光气、甲醇的生产，矿井放炮、煤矿瓦斯爆炸事故，碳素石墨电极的制造，内燃机试车，生产使用含一氧化碳的可燃气体（如水煤气含一氧化碳达 40%，高炉与发生炉煤气中含 30%，煤气中含 5% ~ 15%）。炸药或火药爆炸后的气体中一氧化碳的体积分数约为 30% ~60%。使用柴油、汽油的内燃机废气中一氧化碳的体积分数约为 1% ~8%。工业上炼钢、烧窑等在生产过程中炉门或窑门关闭不严，煤气管道漏气，汽车排出尾气，都可逸出大量的一氧化碳。

上述工业生产过程中都可能有接触一氧化碳的机会，但职业性急性一氧化碳中毒多发生于一氧化碳泄漏同时通风不良的情况下。由于一氧化碳无色无臭，泄漏后不易被及时发觉，因而急性一氧化碳中毒迄今是我国发病和死亡人数最多的急性职业中毒。一氧化碳也是许多国家意外生活性中毒致死人数最多的毒物。零散中毒病例多系北方冬季用煤炉、火炕取暖因燃烧不完全而发生。亦有城市居民因煤气管道泄漏而致中毒。

居室内一氧化碳的污染源主要来自以下几个方面：用煤取暖；使用不合格的燃气热水器，或者在使用时不注意保持空气流通；新型分户燃气供暖装置的质量和检修不当；车内一氧化碳超标；冬季商场、超市一氧化碳污染等。石油天然气行业中常见的一氧化碳来源有：动力发电机使用中排烟管不畅或泄漏，野外职工冬季燃煤取暖排烟管泄漏或堵塞倒灌等。

5.2.3　一氧化碳进入人体的途径及危害

一氧化碳通过呼吸道吸收入体内后，迅速弥散穿透肺泡、毛细血管或胎盘壁，其中80% ~90%迅速与血红蛋白进行可逆性结合，形成碳氧血红蛋白（COHb），即一氧化碳置换了血液中的氧。空气中一氧化碳的分压越高，血液中碳氧血红蛋白饱和度的百分比越大，达到饱和度的时间也越短。如空气中一氧化碳的质量浓度为115 mg/m^3 时，接触1h后血液中碳氧血红蛋白为3.6%，8h时则达12.9%；在一氧化碳的质量浓度为35mg/m^3 时接触1h，血液中碳氧血红蛋白的饱和度为1.3%，8h可达到4%。空气中含有的一氧化碳如达10%，则60%的血红蛋白将于1min内转变为碳氧血红蛋白。活动时，肺通气量增大，形成的碳氧血红蛋白量增多，可比静止时高3倍。吸收后的一氧化碳绝大部分以不变的形式由肺排出。进入血液中的一氧化碳除与血红蛋白结合外，还有10% ~15%与含铁的蛋白如肌球蛋白等结合，而被氧化为二氧化碳的不足1%。一氧化碳还可弥散通过胎盘进入胎儿体内。

一氧化碳的中毒程度主要与空气中的一氧化碳浓度和接触时间有关。一氧化碳对人体的毒性很强，当空气中一氧化碳达到10ppm时就会有中毒迹象；当其体积分数为0.02%时，2 ~3h内出现中毒症状；其体积分数为0.08%时，2h可使人昏迷；其体积分数为0.13%时，0.5h即可引起死亡；如其体积分数达到1%，人在2min内就可能死亡。我国环境卫生部门规定，空气中一氧化碳的日平均质量浓度不得超过1 mg/m^3（0.8 ppm）。

5.2.4 一氧化碳中毒的症状

一氧化碳中毒以急性中毒最为常见，主要表现在中枢神经、心血管及血液系统3个方面。轻度中毒患者血中碳氧血红蛋白达10% ~20%。患者可出现头痛、头晕、失眠、视物模糊、耳鸣、恶心、呕吐、全身乏力、心动过速、短暂昏厥等症状。脱离中毒现场，吸入新鲜空气或进行适当治疗之后，症状可迅速消失。

中度中毒除上述症状加重外，口唇、指甲、皮肤黏膜出现樱桃红色，多汗，血压先升高后降低，心率加速，心律失常，烦躁，一时性感觉和运动分离（即尚有思维，但不能行动）。症状继续加重，可出现嗜睡、昏迷。此时，血中碳氧血红蛋白约为30% ~40%。如能及时抢救，可很快苏醒，一般无明显并发症和续发症。

重度中毒时，患者迅速进入昏迷状态。初期四肢肌张力增加，或有阵发性强直性痉挛；晚期肌张力显著降低，患者面色苍白或青紫，血压下降，瞳孔散大，最后因呼吸麻痹而死亡。经抢救存活者可有严重合并症及后遗症。

有的重症患者在苏醒之后，经过一段“清醒期”又出现一系列神经系统严重受损的表现，称为“急性一氧化碳中毒神经系统续发症”，其程度与昏迷的深度有密切关系。常见后遗症如丧失记忆力、痴呆症及麻痹性障碍。

我国现行职业性急性一氧化碳中毒诊断标准分为 4 级：（1）接触反应：有接触史者出现头痛、头昏、心悸、恶心等症状，吸入新鲜空气后症状消失；（2）轻度中毒：出现剧烈的头痛、头昏、四肢无力、恶心、呕吐，轻度至中度意识障碍，但无昏迷，血液中的碳氧血红蛋白可高于 10%；（3）中度中毒：意识障碍出现浅度至中度昏迷，经抢救后恢复，且无明显并发症，血液中的碳氧血红蛋白可高于 30%；（4）重度中毒：意识障碍达深度昏迷，或者意识障碍且并发脑水肿、休克或严重的心肌损害、肺水肿、呼吸衰竭、上消化道出血、脑局部损害，血液中的碳氧血红蛋白含量可高于 50%。

5.2.5　一氧化碳中毒急救

对急性一氧化碳中毒患者，应立即将患者转移至空气新鲜处，松开衣领，保持其呼吸道通畅，并注意保暖，密切观察其意识状态，迅速给予治疗。具体步骤如下：

5.2.5.1　立即打开门窗通风

迅速将患者转移至空气新鲜流通处，卧床休息，保持安静并注意保暖。症状轻的，可给些热浓茶或热糖茶水，这样不但可抑制恶心，而且有助于减轻头痛。有条件时尽可能吸入氧气。头痛者可给其服去痛片或 APC。一般 1 ~ 2h 即可恢复。

5.2.5.2　确保呼吸道通畅

对于恶心、呕吐等症状严重的，要尽可能清除患者口中的呕吐物或痰液，将头偏向一侧，以免呕吐物阻塞呼吸道引起窒息或吸入性肺炎。

5.2.5.3　头置冰袋以减轻脑水肿

对抽搐或神志不清以致昏迷的患者，可在其头部置冰袋，以减轻脑水肿。并应及时送医院抢救，最好请救护站送到有高压氧舱设备的医院。因为高压氧不仅可以降低碳氧血红蛋白的半衰期，增加一氧化碳排出和清除组织中残留的一氧化碳，而且能增加氧的溶解量，降低脑水肿和解除细胞色素化酶的抑制。如果拖延时间较长，昏迷的患者可受到不可逆的大脑损伤。

5.2.5.4　观察病人变化

轻度中毒者，经数小时的通风观察后即可恢复，中、重度中毒者应尽快向急救中心呼救。在转送医院的途中，一定要严密监测中毒者的神志、面色、呼吸、心率、血压等的变化。患者如果呼吸不匀或微弱时，可通过口对口人工呼吸进行抢救。如果呼吸和心跳都已停止，可在现场做人工呼吸和胸外心脏按压，即使在送医院途中，也要坚持抢救。对呼吸困难或呼吸停止者，进行人工呼吸，且坚持2h 以上。清理呕吐物保持呼吸道畅通。对心跳停止者，进行心肺复苏。同时呼叫 120。千万要注意，对不省人事或呼吸停止者不能轻易放弃抢救，在医生到来之前尽可能争取时间进行抢救。

5.3　天然气

天然气是指在不同地质条件下生成、运移并以一定压力储集在地下构造中，以碳氢化合物为主的可燃性烃类气体，它们的通式为 C_nH_{2n+2}。碳氢化合物种类极多，成分因地而异，一般以分子中含碳原子的多少排列顺序。天然气中主要存在的烷烃有：甲烷、乙烷、丙烷、丁烷、戊烷、己烷、庚烷。大部分是甲烷，其次是乙烷、丙烷、丁烷，同时在天然气中还含有少量的氮气、硫化氢、一氧化碳、二氧化碳、水气、氧气、氢气和微量惰性气体氦、氩等。在常温常压下，甲烷、乙烷、丙烷、丁烷为气态，是天然气的主要成分；C_nH_{2n+2}，n 在 5～16 间呈液态，是石油的主要成分；C_nH_{2n+2}，$n>16$，大都呈固态。

天然气的分类通常有：按天然气中含凝析油的多少区分为干气和湿气，一般含凝析油 50 g/m^3 左右的叫作湿气，含凝析油较少的叫作干气；当系统总压大于或等于 0. 4 MPa，且硫化氢的分压大于或等于 0. 000 8 MPa 时需要净化处理，硫化氢和二氧化碳的含量甚微，不需要净化的天然气称为洁气；产自气田的天然气是气田气，一般以甲烷为主；产自油田的天然气是石油伴生气，主要成分是 $C_1 \sim C_6$ 的烷烃；产自凝析气田的天然气是凝析气田气；从矿井下煤层中抽出的叫作煤矿矿井气。

天然气主要用于化工生产、发电、居民燃气、商业供气、市区供热、制造炭黑、合成氨、合成石油、合成甲醇和其他许多有机化合物的原料以及用做汽车燃料等。

5. 3. 1　天然气的理化性质

天然气无色、透明、比空气轻、易向高处流动，比空气的相对密度较小，一般为 0. 5 ~ 0. 7，天然气易燃、易爆，和空气混合后，温度达到 550℃ 就会燃烧；混合物气中其体积分数达到 5% ~ 15% 时，遇到火种就会爆炸。天然气的黏度是指气体的内摩擦力，即气体流动的难易程度。黏度使天然气在地层、井筒和地面管道中流动时产生阻力，压力降低。天然气的热值高且变化很大，尤以湿气较高，大约是煤气或油的 2 倍，煤的 4 倍，液化石油气的 1/8。干气杂质少，完全燃烧时更卫生。洁净天然气无毒性，但燃烧不完全时，也容易产生有毒气体一氧化碳，造成人身中毒。天然气具有溶解性，能溶解普通橡胶和石化产品，因此必须使用耐油的胶管或棉线纺织的塑料管运输。天然气在石油中的溶解度远大于在水中的溶解度。当天然气中重烃增多，或石油轻馏分增多时，均可增加天然气在石油中的溶解度。降低温度或增大压力，也可增加天然气在油中的溶解度。天然气在水中的溶解度随矿化度的增大而减小。天然气具有腐蚀性、可压缩性及麻醉性（在空气中浓度较高时对人体中枢神经具有麻痹性）。天然气的输送一般经过降压、计量、加臭（微量的四氢噻酚，有淡汽油味）后直接采用管道输送到用户灶前，因此运输、使用天然气极为方便。

5. 3. 2　天然气的来源

天然气产生于油田、煤田和沼泽地带，是埋藏在地下的古生物经过亿万年的高压、高温等作用形成的。当代大多数传统观点认为，天然气与石油是一对孪生兄弟，它们都是由保存在地壳上不同地质年代沉积岩中的有机质，在埋藏到一定深度后，由于古地温的作用转化而成的，在特定的地质条件下经过运移，最终聚积并形成油气田。天然气按其成分可分为烃气和非烃气。狭义的天然气常指以烃类为主体的天然气。烃气的来源有多种途径，它可以由沉积物中分散有机质经微生物降解、热解作用所形成；也可以由石油、油页岩和低阶煤（泥炭及褐煤）等可燃有机矿产的进一步热解所形成；可以是岩石或地壳内部物质的化学反应、放射性蜕变、脱气作用的产物；部分也可能来源于大气的渗入。此外，还有数量不等的烃气是深部无机成因气。天然气中常见的非烃气有 CO_2、N_2、H_2S、H_2、He、Ar 等气体。

天然气经过开采、收集、分离、净化、加压后可作为燃气气源。其输送方法一是用管道输送，二是将天然气液化后用专用的油轮运输。整个流程必须严密、无泄漏，否则易形成局部聚积，造成人员中毒或发生爆炸危险。

5.3.3 天然气中毒的症状

天然气的主要成分是甲烷（CH_4），它本身是一种无毒可燃的气体。天然气的毒性因其化学组成的不同而异。天然气中所含的甲烷、乙烷、丙烷和丁烷等本身都是无毒的，为单纯窒息性气体，它们在空气中达到一定浓度使空气中氧含量降低时可使人窒息。同其他所有燃料一样，天然气的燃烧需要大量的氧气。如果居民在使用灶具或热水器时不注意通风，室内的氧气就会大量减少，从而造成天然气的不完全燃烧，不完全燃烧的后果就是产生有毒的一氧化碳，最终可能导致使用者中毒。产地不同，天然气的成分也有所差异。天然气所含有的烷烃类物质的毒性低，主要有毒成分是硫化氢。原料天然气中含有硫化氢，其毒性随硫化氢浓度的增加而增高。净化天然气（已经脱硫处理），如家用天然气的危害主要是甲烷的毒性。因此，通风不良时燃气的毒性主要来自产生的一氧化碳。

天然气急性中毒的临床表现多种多样，或呈甲烷中毒表现，或呈硫化氢中毒表现，或两者兼有，但主要为中枢神经系统和心血管系统的临床表现。轻者流鼻涕、流眼泪、脑胀、头痛、头晕、胸闷、恶心、呕吐、乏力，重者四肢麻木、无力加呕吐，甚至不省人事、口吐白沫、紫绀、咳嗽、胸痛、呼吸急促、呼吸困难、抽搐、心律失常，部分病例出现精神症状。有脑水肿、肺水肿、心肌炎、肺炎等并发症。约 16.5% 的中毒者留有后遗症，主要表现为神经系统症状的头痛、头昏、乏力、多梦、失眠、反应迟钝、记忆力下降，个别有阵发性肌颤、步态不稳、昏迷、运动性失语及偏瘫，经过适当治疗可以恢复正常，即使严重的后遗症也呈可逆性。

长期接触天然气，主要表现为类神经症，头晕、头痛、失眠、记忆力减退、恶心、乏力、食欲不振等。天然气中如果含有较多的硫化氢，吸入会损害健康，甚至致死。

5.3.4　天然气中毒的急救

出现症状后要尽快将病人脱离中毒现场，使其吸氧或将其移至空气新鲜处。有不适者要注意保暖、休息。出现中毒症状者应立即将患者送到医院抢救，必须向医生说明是天然气中毒。当中毒十分严重时，应立即对患者进行人工呼吸，否则时间一长就无法抢救。

对有意识障碍者，以改善缺氧、解除脑血管痉挛、消除脑水肿为主。轻症患者仅做一般对症处理。

预防天然气中毒主要应加强天然气生产、输送作业中的防护措施。防止天然气管道、械具泄漏。使用时要注意通风。户内发现天然气泄漏时，首先要迅速关闭室内天然气表的前阀门，打开门窗，通风换气，熄灭火源，严禁开关室内电器设备。

5.4　二氧化碳

5.4.1　二氧化碳的理化性质

二氧化碳（CO_2）俗称碳酸气，又名碳酸酐。在标准状况下，二氧化碳是无色无臭略有酸性的气体，相对分子质量为 44.01，不能燃烧，容易被液化，标准状况下其密度约为空气密度的1.53倍。近年来大气中二氧化碳的含量有所增加。

二氧化碳在常温下是无色的酸性气体，人的肉眼看不见。但是二氧化碳的物理状态有气态、液态和固态3种，这和环境温度与压力密切相关，其相态分布如图5-4-1所示。在常温下（31℃以下）二氧化碳能被压缩成液体，常压下能冷凝成固体，即干冰。固态二氧化碳（干冰）的密度值为1 512.4~1 595.2 kg/m³，随着温度的增加，密度稍有下降。干冰常用作制冷剂，干冰同乙醚、氯仿或丙酮等有机溶剂所组成的冻膏冷浴可保持温度最低到196 K（-77.5℃）。

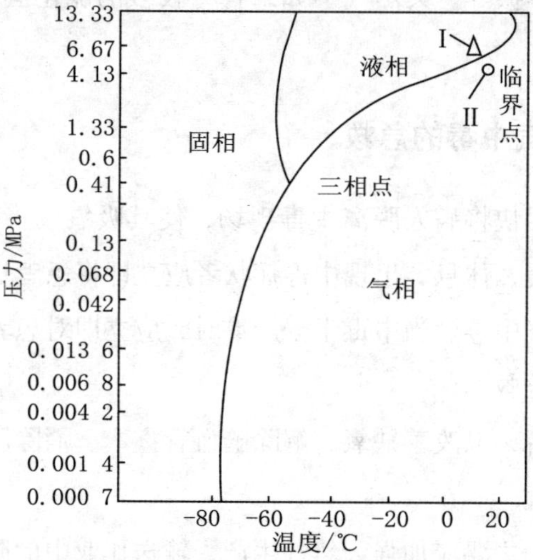

图5-4-1 CO_2 相态分布

Ⅰ—静态实测点；Ⅱ—动态实测点

二氧化碳在常温下是无臭略有酸性的气体，一般不会损坏嗅觉。

二氧化碳在常温下是一种比空气重的气体，其相对密度为1.53。因此它易聚积于地势低洼的地方。

通常情况下，二氧化碳不可燃、不助燃，但在高温下也可发生一些化学反应。

5.4.1.1 燃烧反应

已着火的镁条会继续在二氧化碳气氛中燃烧：

$$2Mg + CO_2 = 2MgO + C$$

5.4.1.2　还原反应

高温下，二氧化碳可发生下列反应：

$$2CO_2 \xlongequal{高温} 2CO + O_2$$

该分解反应速率随温度的变化而异。

含碳化合物不完全燃烧时伴有下列可逆反应：

$$CO_2 + C（红热）= 2CO$$

在加热和催化剂的作用下，二氧化碳还可被烃类、H_2 等还原：

$$CO_2 + CH_4 = 2CO + 2H_2$$

$$CO_2 + H_2 = CO + H_2O$$

5.4.1.3　有机合成反应

在高温（170～2000℃）和高压（13.8～24.6 MPa）条件下，

二氧化碳和 NH_3 发生反应生成尿素：

$$CO_2 + 2NH_3 \xlongequal{高温高压} NH_2COONH_4 = CO(NH_2)_2 + H_2O$$

5.4.1.4　生化反应

二氧化碳在地球的生态环境中起着重要作用。在植物新陈代谢过程中，在光和叶绿素的催化作用下，空气中的二氧化碳和水反应生成糖等有机物，同时放出 O_2，即：

$$6CO_2 + 6H_2O = C_6H_{12}O_6 + 6O_2$$

在热带雨林中发生的上述反应占到整个地球上这一反应的60%以上。在动物的呼吸循环中，发生上述反应的逆过程，即从大气中吸入氧气，与体内的糖反应，产生动物生命活动所需的能量，同时排出二氧化碳。

5.4.1.5　中和反应

二氧化碳和碱的作用以 2 种途径发生。pH <8 时，主要发生下述反应。

$$CO_2 + H_2O \rightleftharpoons H_2CO_3$$

二氧化碳易溶于水，其溶解度和压力有关。当压力低于 0.5 MPa 时，其溶解度与压力成正比；当压力超过0.5 MPa时，由于碳酸的形成，压力增大。溶解度大幅度增加。

常温常压下饱和水溶液中所溶解二氧化碳气体的体积与水的体积之比近乎为1，二氧化碳的浓度为0.4 mol/L，大部分二氧化碳是以结合较弱的水合物分子形式存在的，只有一小部分形成碳酸，电离出的H^+会降低水的pH。CO_2和H_2O作用生成H_2CO_3，在标准状况下二氧化碳溶于水后的pH为3.7，所以认为二氧化碳溶于水所形成的H_2CO_3是一种弱酸。

液态二氧化碳的沸点很低，因此我们通常遇到的是气态的二氧化碳，其沸点为-78.5℃，熔点为-56.6℃。

5.4.2　二氧化碳的来源、毒性及用途

在自然界中，二氧化碳是最丰富的化学物质之一，为大气的一部分，也包含在天然气、油田伴生气或以碳酸盐形式存在的矿石中。大气中二氧化碳的体积分数约为0.03%，主要来源于使用化石燃料等工业过程的副产品和毁林、生物物质（如柴草、秸秆等）燃烧及动物新陈代谢的产物。全球大气中二氧化碳的含量会随世界经济的增长而持续增加。

天然气中非烃组分的二氧化碳在微生物成因气中很少，一般在2%以内；油型气中二氧化碳的体积分数一般小于5%；富含二氧化碳（体积分数大于25%）的天然气往往与岩石化学成因或岩浆活动有关。石油天然气钻采作业钻开地层中高二氧化碳的产层、碳酸盐岩地层，酸化压裂替喷及石油天然气加工中，工艺需要及事故处理的放喷点火燃烧产生的二氧化碳易在局部作业现场的低凹部位聚积。

生活中二氧化碳产生的途径有：长期不开放的各种矿井及油井、船舱底部及下水道、阴沟、偶尔开放的沼气池等；利用植物发酵制糖、酿酒，用玉米制造丙酮等生产过程；在不通风的地窖和密闭的仓库中储藏水果、谷物等可产生高浓度的二氧化碳；灌装及使用二氧化碳灭火器；亚弧焊作业等。

二氧化碳为单纯性窒息性气体，本身无毒或毒性很低，但因其在空气中含量高，使氧气的相对含量下降，肺内氧分压降低，导致机体缺氧。吸入低浓度的二

氧化碳时，使呼吸中枢兴奋，高浓度时则引起抑制作用，更高浓度时还有麻醉作用。二氧化碳中毒绝大多数为急性中毒，很少有慢性中毒病例报告。二氧化碳急性中毒主要表现为在几秒钟内迅速昏迷倒下、反射消失、瞳孔放大或缩小、大小便失禁、呕吐等，更严重者还可能出现休克及呼吸停止等。经抢救，较轻的病员在几小时内逐渐苏醒，但仍可有头痛、无力、头昏等，需两三天才能恢复；较重的病员大多因没有及时抢救而出现昏迷，如果长时间昏迷，将出现高热、电解质紊乱、糖尿、肌肉痉挛强直或惊厥等，甚至即刻呼吸停止而身亡。

二氧化碳中毒的症状主要是缺氧窒息。一般表现为头晕、头痛、耳鸣、眼花、四肢软弱无力，相继有恶心、呕吐、心慌、气短等症状，呼吸逐渐急促，变得快而浅。随着缺氧的加重，意识逐渐模糊，全身皮肤、嘴唇、指甲处呈现明显的青紫，血压下降，瞳孔散大，病人陷入昏迷状态，最后因呼吸困难、缺氧窒息而死亡。

如需进入含有高浓度二氧化碳的场所，应该先进行通风排气，通风管应该放到底层，或者戴上能供给新鲜空气或氧气的呼吸器，才能进入。

急救处理要求使患者脱离中毒环境，转到地面上或通风良好的地方，然后再作其他有关处理。地下建筑中气体的成分、比例的改变，基本上表现为下列 3 个方面：氧气含量显著降低；二氧化碳含量增高；其他有毒气体的产生。在消防人员需要深入到地下建筑以前，最好先测试一下其中的空气成分，若在紧急情况下，没有现成的仪器，则可取一支点着的蜡烛，用绳索慢慢地吊到下面，从火着、火灭来判断情况，循情进入。

对救出的二氧化碳中毒人员，应立即移至空气新鲜、通风良好的地方，松开其衣领、内衣、女性的胸罩和腰带等。对呼吸困难者立即给予氧气吸入，或做口对口人工呼吸，必要时注射呼吸中枢兴奋剂。对心跳微弱、已不规则或刚停止者，同时施行胸外心脏按压，注射肾上腺素等。

二氧化碳可用于灭火，人工降雨，作制冷剂，贮藏粮食、水果、蔬菜，制取甲醇、乙醇、乙酸、工业清洗剂，治疗某些疾病，用作溶剂和化学反应的媒质，制造二氧化碳激光器、，二氧化碳激光手术刀，代水染布，制造青霉素。用于鱼类、奶油、奶酪、冰糕等的保存，低温输送，焊接、铸造、发酵、制糖工业，制造清凉饮料、杀虫剂、氧化防止剂、植物生长促进剂、药品（局部麻醉）、胶及动物胶，并在半导体制造中氧化、扩散、化学气相淀积，作某些反应的惰性介质、石墨反应器的热载体、标准气、校正气、在线仪表标准气、特种混合气、油田增产剂和压力源等。

5.4.3 二氧化碳的腐蚀

在油气井开发中，尤其是在石油天然气工业中，二氧化碳腐蚀是一个不容忽视的严重问题。例如，英国北海的阿尔法平台，因油气中含1.5%～3.0%的二氧化碳，其由碳锰钢X52制成的管线仅用了2个多月就发生了爆炸。关于二氧化碳的腐蚀与防腐，经过多年的研究工作，取得了一定成果及一些防护方法。

二氧化碳在与水共存时具有极强的腐蚀性，为了更好地了解和控制二氧化碳腐蚀，下面将分析二氧化碳对金属材料的腐蚀形态和特点，从腐蚀机理出发，找到防止二氧化碳腐蚀的措施，提出二氧化碳腐蚀的特点。

1943年，世界上首次认为出现在Texas油田的气井中井下油管的腐蚀为二氧化碳腐蚀。二氧化碳在水介质中能引起钢铁迅速的全面腐蚀和严重的局部腐蚀，使得管道和设备发生早期腐蚀失效，往往造成严重的社会后果。在前苏联，油田设备的二氧化碳腐蚀是在1961～1962年开发克拉斯诺尔边疆区油气田时首次发现的，设备内表面的腐蚀速度达5～8mm/a，导致了设备的损坏和事故的发生。由于这些环境中还存在和二氧化碳配合使得腐蚀更加严重的物质，因此，二氧化碳腐蚀是非常严重的，在pH相同的情况下，二氧化碳对钢的腐蚀比盐酸还要严重。

5.4.3.1 二氧化碳腐蚀的形态

随着温度的不同，铁和碳钢的二氧化碳腐蚀往往有3种情况：60℃以下，钢铁表面存在少量软面附着力小的铁—二氧化碳腐蚀产物膜，金属表面光滑，易发生均匀腐蚀；100℃附近，腐蚀产物层厚面松，易发生严重的均匀腐蚀和局部腐蚀（深孔）；150℃以上，腐蚀产物是细致、紧密、附着力强、具有保护性的铁—二氧化碳和Fe_3O_4膜，降低了金属腐蚀的速度。

了解金属的腐蚀形态有利于分析二氧化碳腐蚀对金属等的特性，因而对系统开展二氧化碳介质中钢等材料的腐蚀及其防护技术和评价措施有着极其重要的意义。

5.4.3.2 二氧化碳腐蚀的机理

二氧化碳腐蚀破坏行为在阴极和阳极处表现不同，在阳极处，铁不断溶解导致了均匀腐蚀或局部腐蚀，表现为金属设施与日俱增的壁厚变薄或点蚀穿孔等局部腐蚀破坏；在阴极处，二氧化碳溶解于水中形成碳酸，释放出氢离子。氢离子是强氧化剂，极易夺取电子而被还原，促进阳极铁溶解而导致腐蚀，同时氢原子进入钢中，导致金属构件的开裂。铁在二氧化碳、水溶液中腐蚀基本过程的阳极反应为：

$$Fe + OH^- \rightleftharpoons FeOH + e$$

$$FeOH \rightleftharpoons FeOH^+ + e$$

$$FeOH^+ \rightleftharpoons Fe^{2+} + OH^-$$

总的腐蚀反应为：

$$CO_2 + H_2O + Fe \rightleftharpoons FeCO_3 + H_2$$

金属材料在二氧化碳水溶液中的腐蚀，从本质上说是一种电化学腐蚀，符合一般的电化学腐蚀特征。很明显，最终腐蚀速度取决于二氧化碳气体的分压，它将决定溶液的 pH 和溶解物的浓度。

5.4.3.3 二氧化碳腐蚀的影响因素

（1）温度的影响。

温度是二氧化碳腐蚀的主要影响因素。在室温以下，暴露在二氧化碳水溶液中的碳钢表面形成的是一种透明的腐蚀钝化膜。据分析，其中不含碳酸盐离子，这种膜不是热力学最稳定状态，因而对金属不具有良好的保护性；当温度升高到 50～60℃时，虽然腐蚀速率增大了，但同时也有利于碳酸盐腐蚀产物膜的形成，这种腐蚀产物溶解性低，具有良好的保护作用，此时以均匀腐蚀为主；当温度继续升高至 60℃以上时，金属表面有碳酸亚铁生成，腐蚀速率由穿过阻挡层的传质过程决定，即由垢的渗透率、垢本身固有的溶解度和流速的联合作用而定；在 60～110℃范围内，腐蚀产物厚而松、结晶粗大、不均匀、易破损，所以局部孔蚀严重；当温度高于150℃时，腐蚀产物细腻、紧密、附着力强，分析认为其中有磁性氧化铁生成，于是腐蚀率下降，具有一定的保护作用。

另外，温度的变化又通过改变介质pH的方式影响着腐蚀速率。

（2）分压的影响。

二氧化碳的分压是二氧化碳腐蚀的直接影响因素。一般认为当二氧化碳的分压低于0.021 MPa时，腐蚀可以忽略不计；当二氧化碳的分压达到0.021MPa时，腐蚀将要发生；当二氧化碳的分压高于0.021MPa时，则应当采取适当的防腐蚀措施。一般当二氧化碳的分压低于0.05 MPa时，不存在点蚀造成的破坏。

对于普通钢和低合金钢，腐蚀速率可用De. Waard的“最坏情况”经验公式来计算

$$\lg v = 0.67\lg P_{CO_2} + C$$

该方程式表明了腐蚀速率（v）与二氧化碳分压（$P_{二氧化碳}$）及温度校正系数（C）的关系，该公式在一定条件范围内的可靠性已得到了证实。当二氧化碳的分压低于0.2 MPa且温度低于60℃时，测量结果与计算结果基本一致；在较高的二氧化碳分压和温度条件下，测得的腐蚀速率一般低于该公式的计算结果，这主要是由于腐蚀产物膜的影响。

（3）离子的影响。

氯离子的存在会破坏钢表面的腐蚀产物膜，阻碍产物膜的形成，而且会促进产物膜下钢的点蚀，这些现象在氯离子的质量浓度高于30g/L时尤为明显，主要原因是氯离子吸附在腐蚀表面上，从而拖延碳酸亚铁保护膜的形成。但是，在氯离子的质量浓度低于1g/L，且无氧的条件下，它却似乎可以提供缓蚀作用。

钙离子和镁离子也通过形成碳酸盐保护膜的方式影响着腐蚀速率，随着溶液中钙离子和镁离子含量的增加，钢上出现的白色碳酸盐沉淀逐渐增多，保护性就越好。

（4）流速的影响。

流速也是二氧化碳腐蚀的一个重要影响因素，高流速使腐蚀产物层产生机械

疲劳，容易破坏腐蚀产物膜或妨碍腐蚀产物膜的形成，使钢处于裸露状态，于是腐蚀速率升高。一般认为在低流速时，腐蚀速率受扩散控制；而高流速时，腐蚀速率受电荷传递控制。A. Ikeda 认为流速为 0.32 m/s 时是个转折点。当流速低于此值时，腐蚀速率将随着流速的增大而增大；当流速超过这一值时，腐蚀速率完全由电荷传递所控制，此时流速的变化已不重要，温度变成主要影响因素。

（5）腐蚀产物膜的影响。

良好的腐蚀产物膜可以大大降低腐蚀速率。腐蚀产物膜的组成、结构及形态受介质的组成、pH 值、二氧化碳分压、温度、流速等诸多方面因素的影响。当钢表面无腐蚀产物膜或有无保护性的腐蚀产物膜时，钢将按照 De. waard 的经验公式以"最坏情况"的腐蚀速率被均匀腐蚀；当钢表面的腐蚀产物膜不完整或被损坏、脱落时，会诱发局部点蚀而导致严重的穿孔破坏；当钢表面生成的是完整、致密、附着力强的稳定性腐蚀产物膜时，可以降低其均匀腐蚀速率。

5.4.3.4　二氧化碳腐蚀的防护措施

（1）钢材的选用。

诸多的研究结果表明，在含有二氧化碳的油气田开发中，含铬的不锈钢表现出优良的抗腐蚀性能，随着含铬量的增大，合金的腐蚀速率降低。一般含铬量达到 12% 时，其耐蚀性已经非常好，但有氯化物存在的情况下，会发生点蚀和间隙腐蚀。9Cr－1Mo、13Cr 和 22－25cr 双联不锈钢这 3 种钢在工业使用中有 2 个适用的极限数据。一个是每种钢应用的临界温度极限为：9Cr－1Mo 钢是 100℃；13Cr 钢是 150℃；22－25Cr 双联不锈钢是 250℃。另一个是每种钢应用的耐硫化氢的临界分压极限为：9Cr－1Mo 钢和 13Cr 钢是 0.0001MPa，即 H_2S 的分压不高于 0.0001MPa 时，这两种钢不会发生明显的耐蚀性下降；22－25Cr 双联不锈钢是 0.001MPa。

镍也能增强钢的耐腐蚀性，但作用不是很明显，含 9% 镍的钢用于二氧化碳分压高的环境中，耐腐蚀效果令人满意，但偶尔也发生开裂和点蚀。

含锰和含镍的低合金钢的耐腐蚀性相似，锰钢似乎对点蚀更敏感些。

另外，在 175℃ 和高氯化物环境中，蒙乃尔 K－500 合金也表现出良好的耐腐蚀性能。如果条件限制一定要采用碳钢或低合金钢，则应尽量提高其金相组织的均匀性。

（2）管道内涂层。

内涂层的首要问题是管线接头部分的处理。20 世纪 70 年代中期，美国一家较大的天然气输送公司开始研究海底管线接头的耐腐蚀衬里问题，最后成功地使用了熔结环氧（FEB）作为管道内衬里，并用相应的仪器设备解决了管线接头部分的处理，经实践验证效果不错。但是因为处理管道接头部分的仪器繁杂且价格昂贵，所以此项方法一直未能在国内得以广泛应用。关于内涂层的方法还有待于进一步研究。

（3）缓蚀剂。

加入缓蚀剂是目前广泛采用的防止二氧化碳腐蚀的防护措施，此处不再赘述。此方法相对于前 2 种防护措施成本要低得多，但防护效果不如前 2 种。

在不同的体系中，二氧化碳腐蚀破坏的发生机理、破坏过程和形式存在着很大的差异，针对不同的情况应该选用合理的措施来应对，这样才能获取更好的经济效益和使用效果。

随着工业的发展，二氧化碳腐蚀已经产生了巨大的损失，防止二氧化碳腐蚀是一个值得研究的重要课题。由于二氧化碳腐蚀的影响因素较多，危害严重，在选择防护措施时应谨慎，做到充分论证，以避免带来不必要的损失。

复习思考题

1. 二氧化硫的主要理化特性有哪些？
2. 石油天然气钻采作业中二氧化硫的主要来源及危害有哪些？
3. 二氧化硫中毒的主要症状有哪些？
4. 二氧化硫中毒的急救措施有哪些？
5. 一氧化碳的主要理化特性有哪些？
6. 石油天然气钻采作业中一氧化碳的主要来源有哪些？
7. 一氧化碳进入人体的主要途径及危害有哪些？

8. 一氧化碳中毒的主要症状有哪些?

9. 简述一氧化碳中毒的原因。

10. 二氧化碳中毒的急救措施有哪些?

11. 天然气的主要理化特性有哪些?

12. 天然气中毒的主要症状和急救措施有哪些?

13. 防止二氧化碳腐蚀的主要措施有哪些?

第6章

含硫气田特殊要求

在含硫天然气开采的过程中，要加强对含硫油气井生产和天然气处理的管理，减少硫化氢对人体和生产设备的危害，就要从生产设计、操作规程和规章制度等方面予以充分的考虑。

6.1 设计安装要求

6.1.1 天然气净化厂设计安装要求

天然气净化厂的设计、施工均应由具有相应设计和施工资质等级的单位承担。在选择设施地点的时候，既要考虑到主风向、气候条件、地形、运输路线及可能遇到人口稠密地区和公共地区，也要考虑到维持进口和出口路线的清楚、无障碍，使受限制的空间区域最小。在场地的选择中，还应考虑适用的法规对于位置、空间距离、火炬高度或放空排空烟囱高度的要求。

天然气脱水、凝液回收、脱硫、硫磺回收及尾气处理等处理与净化设施的设计，应符合国家相关规定，并应采用成熟、可靠、先进的技术和装备。吸收塔压力及液位、闪蒸罐压力及液位、余热锅炉液位及主燃烧炉配风等主要工艺参数点，应设置自动监测、控制、保护系统。加热炉的安全技术要求应按《石油工业用加热炉安全规程》的规定执行。

在天然气的净化和处理中，防火设计应符合国家相关规定。总图布置上应有值班人员事故应急疏散通道；对含硫的油、气、水、渣等应加强管理和治理；天然气中脱除的液体、固体硫磺等的安全要求，应符合国家相关规定；储存含硫油、水的池坑周围应加栏杆或盖板。

为了保证安全生产，用于酸性环境的生产设备、管道和阀门等，应按《地面设施抗硫化物应力开裂金属材料》的要求选择材料，净化厂应设置硫化氢腐蚀监测系统，以掌握生产设备的腐蚀状况。同时净化厂也应设置符合国家要求的放空装置。天然气净化厂出站干线上，应在事故状态时人所能及的位置设置应急切断阀。集气站内的设备和管线焊接应组织专业人员按照焊接标准执行。

为了确保含硫化氢环境中作业人员的安全，含硫气体净化厂内需设置风向标，在高温、高压和重点部位设置有毒气体自动监测、报警装置，同时还应配备一定量的便携式硫化氢监测仪，配置脱硫、硫磺回收、尾气处理、污水处理等作业场所，应按在岗人数配置正压式空气呼吸装备和防爆照明灯具。天然气净化厂应设置紧急泄压放空装置。放空装置应有可靠的点火系统，含凝析液的应设置凝析液回收装置。

含硫原料气过滤分离器及脱硫装置的塔、罐等检修时，应有增湿措施保护以防止硫化压铁自燃，并有防止硫化压铁与酸性物质反应产生硫化氢的措施。总控制室、办公区域等建筑物应配备相应的消防设施。

相应配套设施如变配电间、线路设计和电器设备的接地应符合国家相关规定，生产单位应对应急照明系统和接地系统进行定期检查。净化厂内应设置明显的安全警示标志。净化厂应设置不间断电源（UPS），UPS 的能力应满足工厂等紧急停电后仪表用电及应急照明用电 30 min 以上。

6.1.2　气井生产设计

含硫油气生产井的设计主要有气井工作制度的确定、采气工艺的选择、生产管柱的优化设计、井口装置及地面流程的选择等方面。

6.1.2.1　气井工作制度的确定

气井工作制度是指采气时气井的压力和产量所遵循的关系。气井所选择的工作制度应保证在开采过程中能从气井得到最大的允许产量，并使天然气在整个采气过程中（地层—井底—井口—输气管线）的压力损失分配合理。

气井工作制度的选择受多种因素的制约，主要有地质因素、采气工艺因素和井身因素等。气井工作制度需要根据气田开发方案，运用试井和节点系统分析方法结合气井实际情况来选择。正常生产气井的工作制度，应根据气井现阶段的产能试井资料和气田配产方案确定，一旦确定就不能随意变更。调整气井工作制度时，新的生产制度应根据新的试井资料或动态资料确定。改变气井工作制度之后，应进行气井生产综合分析。

6.1.2.2　采气工艺的选择原则

采气工艺方式的选择应遵循科学、安全、适用、经济的原则。针对含硫化氢和二氧化碳的碳酸盐岩气井，应依据气藏工程及地面条件，采取适用配套的采气工艺技术来提高气井产能和稳产期。采气工艺的选择应以节点分析理论为基础，把气井从气层、井筒到地面分离器作为整个系统考虑，分析各环节的压力损失，确定合理的生产管柱、工作制度及工艺措施。

6.1.2.3　生产管柱的优化设计

在选择生产管柱时，硫化氢分压大于0.0003 MPa的井应采用抗硫措施；二氧化碳分压大于0.21 MPa的气井应采用防腐措施；既含硫化氢又含二氧化碳的井应视各自的含量情况选用既抗硫又防腐的措施。

含硫化氢、二氧化碳气井的射孔管柱应采用金属气密封管柱。下井管柱丝扣应涂防腐类密封脂。气密性封扣抗拉强度应是本体强度的100%，射孔管柱抗拉安全系数应大于1.8，抗外挤安全系数应大于1.25，抗内压安全系数应大于1.25。

6.1.2.4　采气井口装置的选择

对于高含硫化氢、二氧化碳的气井，井口装置选择时要选用高抗硫化氢和二氧化碳的合金钢采气井口装置，再根据气井压力及流体性质，确定适宜的产品规格、等级。采气树各部件应满足《井口装置和采油树规范》的技术要求，且配备井下安全阀和远程控制井口阀门开关。具体要求如下：

气井井口装置性能应采用要求更为严格的PR2级；井口装置和采气树的主要部件包括油管头、油管悬挂器、油管头异径连接装置以及下部主阀，其规范级别均应采用PLS4；井口装置材料级别应采用酸性环境所用的HH级及以上级别；整套井口装置与流体接触部件的内衬材质要求满足抗流体中硫化氧、二氧化碳腐蚀的要求，选择抗硫化氢材料时，宜参照美国腐蚀工程师协会的 NACE MR 0175 最新版本。NACE MR 0175 中的条款被视为最低标准，使用时可根据需要选择更高标准的技术规范。NACE MR 0175 的材料要求只针对抗硫化物应力开裂，在设备设计和操作中还应考虑其他腐蚀作用和失效机理（如点蚀、氢致开裂和氯化物开裂）。除硫化物应力开裂以外的机械失效控制，宜采取注化学缓蚀剂、选择合适材料和控制环境等手段实现。NACE MR 0175 中未作规定的材料，如果经用户或厂商通过公认可接受的评定程序检验合格，证明其具有抗硫化氢特性，同样可以使用。井口阀门应根据接触环境的腐蚀性选择相应的耐腐蚀材料，与流体接触的部件应采用高抗硫化氢、二氧化碳腐蚀环境要求的合金钢材质；节流阀宜采用平板节流阀；由于硫化氢气体会促使橡胶、石墨、石棉的老化，所选阀板、阀座与阀体间均应采用金属对金属密封；气井采气树推荐采用普通双翼井口，为减少冲蚀的影响可采用 Y 形井口和整体式采气树；酸压后直接投产的气井井口装置的压力等级应按酸压的最高施工压力选择，宜采用双翼井口，以满足液体返排的需要。

采气井口应配置地面和井下安全阀，当出现紧急情况时，安全阀系统可自动关闭；在井口安装压力传感器、气体监测报警系统和易熔塞，以保证在井口压力高于或低于设计的安全工作压力及气体泄漏或火灾发生时，能迅速发出报警信号，并能快速、自动关闭安全阀，系统也可实现就地手动控制。

采气井口装置总成各零部件损坏时，不得采用焊接方式来修补，应更换新的零部件。新购设备或零部件的材料、牌号、机械性能及抗硫性能应与原装置或零部件的性能一致。

6.1.2.5　天然气井场、集气站、输气管线的设计

井场设备的布置应符合相关标准的规定。井口不宜直接进行天然气放喷作业，必要时应接放空管道采取直接燃烧的方式放喷。放喷时要注意火焰高度，当火焰降到 1 m 左右时应及时关闭放喷阀门。放喷管口应远离井口、民房、水池、道路、建筑物、高压输电线路等 50 m 以上。

含硫井场地面设施材料的选择如下：

酸性环境中的压力容器应采用表 6－1－1、表 6－1－2 和表 6－1－3 中所列

的适当材料制造。压力容器应选用优质低碳钢或屈服强度低于360 MPa的低合金钢材料，不得选用沸腾钢。容器焊缝、焊接材料应与母材强度相同或比其略高，其他机械性能也应基本相同。

酸性环境中的采、集气管线应采用表6－1－1和表6－1－3中所列的适当材料。采气管线和集气管线宜选用优质低碳钢或屈服强度低于360 MPa的低合金钢无缝钢管。管线环焊缝焊接材料应该与母材强度相同或比其略高，其他机械性能也应基本相同。

酸性环境中的弹性元件应采用表6－1－1和表6－1－3中所列的适当材料。3YC7经固溶处理后，在冷加工时效硬化条件下，硬度小于或等于HRC 57时，所制作的弹性元件可以使用。

表6－1－1　用于酸性环境的碳素钢和低合金钢

材料类别	标　准	牌　号	用　途
碳素钢	GB/T 699－1988	15、20	含硫化氢油气田的各类构件
	GB/T 711－1988	15、20	
	GB/T 700－1988	235－D	
	GB/T 710－1991	15、20	
	GB/T 699－1988	25、60、65、40、45	阀体、法兰、阀盖、螺栓等
	GB 713－1986	20G	设备及容器壳体等
	GB/T 700－1988	235－D	
	GB/T 6654－1996	20R	
低合金刚	GB 713－1986	16Mng	采、集气管线，容器壳体等
	GB 6654－1996	16Mng	
	GB/T 3054－1988	35CrMo	阀体、法兰、阀盖、螺栓等

酸性环境中的阀件材料应采用表6－1－1～表6－1－5中所列的适当材料。3Cr17Ni7Mo2N棒材经固溶处理后，硬度小于或等于HRC24时，可以制作阀杆。TC4锻态棒材经750～800℃退火或经固溶处理、时效处理后可用于制作阀杆。2Crl3、25和35锻钢为基体，堆焊或喷焊锻钢为钴基或镍基合金的密封面，可用于制作阀板、阀瓣、针形阀阀芯和阀座。GB/T12229中的WCA和WCB级碳素钢铸件在退火状态

下，可用于制作阀体。35CrMo 锻材经调质处理后，可用于制作井口阀的阀体、阀盖、盘根压帽、轴承压盖、法兰等。

用于湿含硫天然气介质中的连接螺栓硬度应小于或等于 HB235。

表 6-1-2　用于酸性环境的不锈钢

材料类别	标　准	牌　号	用　途
奥氏体不锈钢	GB/T 1220-1992 GB/T 4237-1992 GB/T 2270-1992	0Cr19Ni9 0Cr18Ni11Ti 0Cr17Ni12Mo2 1Cr18Ni9Ti	阀门和仪表的零件、 阀门的管束、壳体等
	GB/T 4237-1992 GB/T 1220-1992	3CrNi17Mo2N（318） 2Cr13	高压井口和站场阀门的阀杆 阀门零件

表 6-1-3　用于酸性环境的管材

材料类别	标　准	牌　号	用　途
碳素钢	GB 30387-1992	15、20	设备管束，采、集气管线等
	GB 6479-1986	15、20G	
	GB/T 8163-1987	15、20	
	GB/T 5310-1995	20G	

表 6-1-4　用于酸性环境的非铁基合金

材料类别	标　准	牌　号	用　途
奥氏体 镍基合金		3YC7	阀门仪表等用的弹性元件
		3YC24 （Hasc-276）	高腐蚀系统的结构件和弹性敏感元件
铁基合金		6YC1	受冲蚀的阀芯、阀座
钛合金	GB/T 2965-1987	TC4	各类阀门的阀杆、高压耐蚀零件
钢	GB/T 5231-1985	T2、T3	仪表导压管、接头、垫片

表 6－1－5　用于酸性环境的喷焊和堆焊焊条

材料类别		标　准	牌　号	用　途
钴基堆焊焊条		GB/T 984－1985	ED CoCr	耐磨、耐蚀零件表面堆焊
喷焊合金粉	等离子喷焊	JB 3168－82	镍基 F12 钴基 F22	耐磨、耐蚀大面积零件的表面喷焊，加平板阀的阀板等
	氧乙炔火焰喷焊	JB 3168－82	镍基 F11 钴基 F21	

6.2　受限空间的操作

在油气生产和天然气处理的过程中，一些受限空间的存在对工作人员的生命和健康形成了隐患，受限空间的危险性在于自然通风困难和人员进出不便，硫化氢等有毒气体可能在其中聚积，极有可能对作业人员造成人身危害，所以有必要对受限空间的管理进行阐述。

6.2.1　受限空间的定义

美国职业安全和健康协会（OSHA）在 1993 年 4 月的 OSHA 29CFR 1910.146 中所定义的受限空间要求为：空间大小足以让工作人员进入其间进行工作；人员进出受到限制；结构设计不适合于人员在其中连续工作。

受限空间的例子在我们日常工作中处处存在：各类储罐和容器、下水道和其他地下管道、地下设施、粮食筒仓、铁路罐车、舰艇船舱、隧道、密闭运输通道，等。在油气生产和气体加工处理中的此类密闭空间包括罐、处理容器、罐车、暂时或永久性的深坑、沟和驳船等。

受限空间还应当具有以下特征：可能含有危险气体；可能含有引起侵蚀的物质；具有可以使进入人员陷入或窒息的结构；具有公认的健康危害。

除了可能会发生坠落、磕碰等机械事故外，受限空间对于工作人员的最大危险还是来自于其中的有毒有害气体。美国国家职业安全和健康研究院（OSHA）及美国职业安全和健康协会发表的研究报告都表明很多致命的受限空间事故的发生都同所在空间的气体组分有关。而这些危险组分既可能在工作人员进入密闭空间之前就存在，也可能因为他们在其间的活动形成。缺乏在工作人员进入密闭空间之前和在其工作过程中对于危险气体的检测是绝大多数受限空间事故发生的重要原因。受限空间的危险气体大体可以分为3大类：氧气不足（或过量）、可燃气体和有毒气体（主要指硫化氢和一氧化碳）。现实的情况更为复杂，有些有毒气体可能并不常见，但在特定的情况下也会对工作人员的身体造成损害，甚至对生命构成威胁。

6.2.2 受限空间的操作要求

在受限空间进行操作有严格的要求。首先，作业人员必须接受培训，了解该作业场所的危险性及防护措施。进入前必须经过许可，许可至少包括以下5个方面：

6.2.2.1 明确作业位置

明确作业位置的意义在于，可以针对这个位置进行风险评估，采取更有针对性的安全措施；可以针对此作业位置周边的情况进行安全分析；可以使作业审批人明确即将进行作业的场所；可以为紧急情况下救援队及时救援提供明确的目的地。

6.2.2.2 确认许可证的发放日期和有效期

这包括工作许可证的申请日期、批准日期和有效时限。通常许可证的有效时间应与该场所的工作时间相吻合。例如在某天然气处理厂每个班次的工作时间为8h，则该工作许可证的有效时间就应在8h以内；对于海上作业，通常是每班次为12h，则该工作许可证的有效时间就应在12h以内。

按照一些国外公司的管理惯例，如果某些作业在许可证规定的时限内无法全部完成，则可以申请许可证工作时间延长或重新开一份工作许可证。通常延长的许可证工作时间不超过每班次工作时间的1/2，即如果正常班次工作时间为8h，则延长的许可证时间不超过4h。由于环境和工作人员工作状态的变化，建议采用重新开立许可证的方式。一方面对工作现场可以再进行一次全面检查，对参与工作的人员进行重新教育培训；另一方面也可以和其他当班人员有充分的沟通交流，便于现场的管理。

6.2.2.3 指定测试要求和其他保障安全地进行工作的条件

对于进入受限空间的检测和安全设备的检查，都要在许可证开立前准备完毕，而且受限空间危险度的检测应在密闭空间外进行非接触检测。

6.2.2.4 保证进行足够的监测，以便能够确认硫化氢、氧气或烃的浓度不会构成健康或者着火危害

对于有毒、有害和可燃气体的监测，是受限空间进入程序中一个十分重要的环节。所使用的仪器应是经过专门机构校验过、符合工作环境要求的监测仪。监测应包括进入前的监测和工作过程中的监测。对于风险较高的环境，宜指定专门人员负责监测环境空气情况，同时还应为进入受限空间的工作人员配备便携式探测仪。

对环境空气的监测有以下几项指标：氧气的体积分数正常为19.5%～23.5%，小于19.5%为缺氧环境，对人的生命安全存在威胁，大于23.5%为富氧环境，起火、爆炸的危险都大大增加；可燃气体（烃类）的爆炸范围是以爆炸上限浓度和爆炸下限浓度作为界限的，在上、下限浓度之间的区域就是爆炸范围。一般说来，可燃气体（蒸气、粉尘）的爆炸下限数值越低，爆炸极限范围越大，则它的燃爆危险性就越大。如氢气的爆炸极限是4.0%～75.6%，氨气的爆炸极限是15.0%～28.0%。据此可以看出，氢气的燃爆危险性比氨气的要大。为了更加科学地进行分析比较，又提出了爆炸危险度这个指标，它综合考虑了爆炸下限和爆炸范围两个方面：爆炸危险度=(爆炸上限浓度－爆炸下限浓度)÷爆炸下限浓度。可燃气体爆炸危险度越大，则其燃爆危险性越大。

6.2.2.5 拟定的操作程序得到批准

6.2.3 受限空间作业的监督管理

为了减少进入受限空间的风险，可以参照以下要求监督受限空间作业。

（1）是否有必要进入受限空间，是否可以在外面完成工作。

（2）是否持有公司签发的进入受限空间作业许可证。

（3）如果必须进入受限空间，空气质量是否检测了（氧气的体积分数在19.5%～23.5%；可燃气体的最低爆炸极限小于10%；没有有毒成分）。

（4）员工和监督是否都进行过个人保护用具（防护服、呼吸保护装置、安

全帽、眼部保护、救生绳、应急救援装备）选择、使用的培训。

（5）员工是否都进行过进入受限空间的培训。

（6）员工是否都进行过密闭受限救援程序的培训。

（7）如果需要通风，是否有合格的设备，设备是否可以使用。

（8）在通风过程中，是否对空气质量进行监测。

进入受限空间操作时，在通往生产加工含硫化氢气体的密闭装置的所有门口都应设置清晰的警示标识，如“硫化氢操作区域——监测仪显示安全时方可进入”，或“越过此区域必须穿戴呼吸防护装备”。在设置警告标识时应遵守法规对标识的要求，通常的警示标识是黄、黑两色，标识应保证有照明光源。

密闭装置应安装固定式硫化氢监测系统，24h 连续监测硫化氢的浓度，探头数可以根据现场气样测定点的数量来确定，监测仪的探头置于现场硫化氢易泄漏的区域，主机可安装在远离现场的控制室。当空气进入密闭装置或对密闭装置进行加压时，固定式监测系统也可以用于对密闭装置进口空气的监测。

6.3　含硫气井的生产管理

气井的生产管理是十分重要的，好的管理会减少事故的发生。在高含硫的情况下，气井生产管理的规范性更加重要。一般应按以下要求做好气井的管理工作。

6.3.1　含硫气井生产操作基本要求

气井生产操作之前应做好应急预案、事故预防措施和设备安装等工作。

应配置足量的人身防护设备、固定式硫化氢监测仪和便携式硫化氢监测仪。呼吸设备的放置应取用方便，硫化氢的监测应采用固定式和便携式相结合的方式。气井生产时应按岗位要求配备操作人员，操作人员必须具备安全生产、硫化氢监测及人身安全防护知识，并经岗前培训考核合格后持证上岗。操作人员应穿戴劳保用品，采用必要设备，按相关操作规程进行安全操作生产。进行生产前，应召开全体员工安全会议，熟悉呼吸保护设备的使用方法、急救程序和应急响应程序等。进入井、站场应严格按照安全生产管理规定执行。在硫化氢的质量浓度超过15 mg/m³（10 ppm）的环境中工作的人员，应佩戴适当的空气呼吸保护设备。

6.3.2 含硫气井生产时的其他操作要求

6.3.2.1 开、关井，液气分离和天然气的计量

考虑到含硫化氢、二氧化碳气体的影响，气井的开、关井必须严格按生产指令执行，按规范的操作规程进行操作。

6.3.2.2 排污和放空

分离器排污口和天然气计量放空出口处应加强对硫化氢浓度的监测。每站设高压放空火炬系统一套，所有排放气体都应进入放空系统，排放气体都应符合国家规定的排放要求。应有安全警戒人员负责放空安全；放空的天然气应在统一安排下进行，有专人监护，放空的天然气应点火燃烧；放空管线应采用抗硫管材，不得随意弯曲，并按设计要求固定。

6.3.2.3 取样

含硫化氢天然气的取样属于较危险的操作，在取样和保管过程中可能会有硫化氢气体逸出，因而应采取适当的防护措施。取样点应安装固定式硫化氢监测仪；操作人员取样时应带上便携式硫化氢监测仪，对硫化氢随时进行监测；取样时操作人员应站在上风方向；取样瓶应选用抗硫化氢腐蚀的材料，外包装上应标识警示标签。

6.3.2.4 设备、仪器和管线的保养

井场设备、仪器和管线应按井站相关制度进行检查维护，确保其完好；规定强制保养的内容按有关规定执行。

6.3.2.5 增产措施的选择

气藏宜选择酸压或酸化改造措施，通过酸化、酸压可有效解除地层污染，提高单井产能。

6.3.2.6　防腐措施

根据生产现场设备腐蚀严重的特点，推荐采用高镍基合金钢抗硫材料；油套环空应加缓蚀剂进行套管和油管外壁防腐；在井口出口处连续加注缓蚀剂进行管线防腐；避免在井口附近产生电偶腐蚀引起硫化氢气体的泄漏；各阀门（包括井场的高低压切断阀）应定期加注黄油、密封脂。

6.3.2.7　防硫沉积工艺措施

含硫化氢的井在生产过程中会有单质硫析出，假如不及时处理就会形成固体硫的沉积，对天然气的产出造成不利的影响，在生产过程中必须采取一定的防硫沉积工艺。单井配产小于 $50\times10^4m^3/d$ 的井，应考虑在管柱上安装毛细管加药装置，通过毛细管连续加溶硫剂，预防井筒中硫的沉积。选择注溶硫剂化学除硫工艺时，推荐选用溶硫量大、能生成易流动物质的化学溶硫剂，然后按设计方案将一定数量的溶硫剂沿生产管柱泵入，浸泡 6～12h 后可开井恢复生产。加溶硫剂的气井应根据气井中单质硫的析出规律，制定合理的加注溶硫剂周期、数量，并进行记录。

6.3.2.8　防水合物工艺措施

在天然气由地下到地面的采集过程中，对天然气的降温降压以及不同产气量条件下的井筒温度分布进行分析，可进行水合物形成预测。防水合物工艺包括：当井筒中有水合物形成时，通过和溶硫剂复配，选择协同作用好的抑制剂，与溶硫剂一起通过毛细管连续投加，预防井筒中水合物堵塞。井口管线防水合物的形成，正常生产时宜采用水套炉加热方式，在事故工况或开停工工况时宜采用注抑制剂方式；根据气井水合物的形成特点、程度，制定合理的加注抑制剂周期、数量，并进行记录。

6.4　含硫天然气处理装置的操作

气井产出的含硫天然气不能直接输送给用户，必须经过天然气处理装置对含硫天然气进行处理后才能向用户输送。

天然气处理厂对含硫天然气处理的一般工艺流程如图 6－4－1 所示。含硫天然气通过联合站进入天然气处理厂装置脱硫单元，经过重力沉降分离和过滤分离等预处理工艺，除去原料气中携带的机械杂质、游离水以后，进入脱硫吸收塔，除去原料气中所含的硫化氢和部分二氧化碳。湿净化气进入脱水单元，在脱水吸收塔内脱去湿净化气中的水，得到的干净化气即为产品气，再返回联合站外输。脱硫单元胺溶液再生后得到酸性气体，进入硫磺回收单元采用部分燃烧、三级催化反应回收硫磺。回收硫磺后的尾气经灼烧后，通过烟囱排入大气。

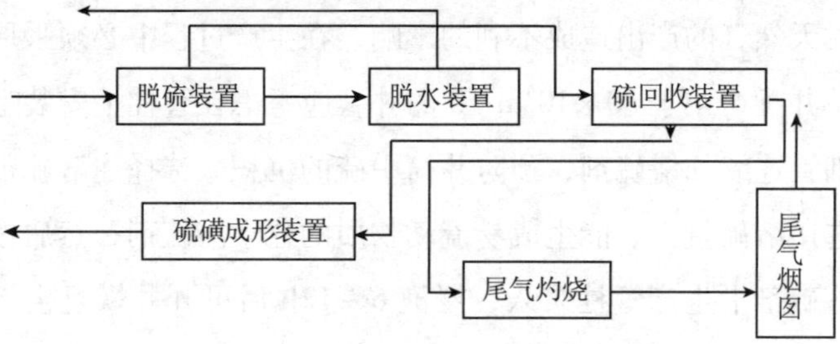

图 6－4－1　天然气处理厂脱硫原理流程图

6.4.1　含硫天然气处理操作要求

（1）管理人员和操作人员对关键部位、危险点检查时应执行相关制度和风险特种作业审批制度。

（2）对于危险点实行 24h 巡回监督检查。巡回检查部位应包括脱硫、脱水、回收、成形、火炬、污水、给排水、循环水、锅炉房、空压站、热力管网、机泵、发电机等。检查时的具体规定如下：检查人员由各管理人员和本岗位操作员组成；检查是否有腐蚀、泄漏、渗漏以及异常震动、噪声、温升；每次检查完毕要在危险点检查日记上详细填写检查情况，内容应包括发现的问题、隐患部位和处理结果，做到表格化、标准化，并存档；巡检发现问题，要立即向班长、领导及有关部门报告，采取措施以防止事态扩大；建立考评制度，对巡检人员进行考评，考评包括查出的隐患数、整改率、避免事故次数、安全合理化建议及价值等。

（3）进入有毒场所作业，应佩戴正压式空气呼吸器。

（4）进入塔、容器、储罐、炉膛、烟道或其他密闭设备、地下或半地下池坑等环境进行检查、操作或检修作业时，应按密闭空间进入程序操作，现场环境应做好通风换气，对内部空间的气体进行取样分析，确认氧气的体积分数不小于18%，甲烷的体积分数不大于1.25%。

（5）进入盛装过含硫介质的容器内作业时，应按相关标准进入密闭空间的要求进行，并做好容器内有毒气体的隔离、吹扫、置换等处理。保证有毒气体的含量低于规定的容许浓度，且2h分析一次气样；检查、检验人员进入容器内前，应办理安全手续方可进入，容器外要有专人监护。

（6）加强危险点的管理，明确相关人员的监控职责，实行管理和操作人员的监控责任制。

管理人员的监控职责主要有：经常深入现场对危险点进行检查，发现问题及时提出措施并予以消除；对重点危险点在装置正常运行和开、停工情况下要有可靠的防范措施；重点危险点在改建中，要参加设备改造、工艺条件变动方案审查，使之符合安全技术要求；组织操作员针对重点危险点可能发生的事故进行技术练兵活动，并定期考核；参加重点危险点事故发生后的技术调查、分析，查明原因，分清责任，提出预防措施，并及时向领导或主管部门报告；重点危险点工艺流程、参数改动时，要做好向操作员的交底工作。

操作员的监控职责主要有：按规定每小时对所负责岗位的重点危险点检查一次；正确分析、判断和处理各个危险点的事故苗头，把事故消灭在萌芽状态，如发生事故，要果断、正确地处理，及时如实地向上级报告，并保护现场，做好详细记录；积极参加关于危险点的技术练兵和事故应急演练；做好危险点的检查记录工作，交接班时要交接危险点的状态和所存在的问题。

6.4.2　紧急情况应急处理

紧急情况是指装置可能发生或已经发生恶性事故或灾难性事故。与异常情况和普通事故的处理相比较，紧急情况更加难以掌握，处理措施的实施也较为困难，同时对人身安全存在着很大的威胁，因此应急处理必须保证以安全为前提。应急处理要尽可能按正常停工步骤进行，如情况严重难以控制时，为避免影响的进一步扩大，可按紧急停工处理，但同时也必须遵循事故处理原则。

6.4.2.1　可燃物、有毒物跑、冒、泄漏及火灾、爆炸事故的应急处理措施

天然气处理装置中，有大量的易燃、易爆、有毒物质存在，在生产过程中有可能出现可燃物、有毒物跑、冒、泄漏，甚至会出现爆炸事故，一旦发生这些情况，我们应该采取以下措施：首先报警，再抢险，然后撤离，避险，同时对中毒人员展开急救。

报警：当发生可燃物、有毒物跑、冒、泄漏及突发性火灾爆炸事故时，现场工作人员应立即戴上防毒用具，在保护好自身安全的前提下，及时检查事故部位，及时通知班长、工段长或调度，经同意后向119、110、120等报警，讲清单位名称，发生事故的时间、地点，泄漏物的名称、泄漏量，事故的性质（爆炸、火灾、中毒）、危险程度，有无人员伤亡以及报警人的姓名和联系电话等。

抢救：爆炸、起火或毒物泄漏后，当班操作人员立即通知中控室人员，及时向班长、值班人员及调度汇报，节假日由值班干部组织，日常由厂应急领导小组指挥，对出事部位的管线流程进行变更、切换或放空，切断通向该处的物料，同时灭火组人员（每班的消防员）使用灭火器、消防水、蒸汽等手段进行现场灭火、降温、稀释，待专业消防人员到达现场后，协助消防人员进行扑救，扑灭火灾后，警戒人员对着火现场进行清理、检查，确认安全，防止二次着火。

撤离：迅速将安全区内与事故应急处理无关的人员撤离，以减少不必要的伤亡。紧急疏散应注意，如泄漏物有毒时需佩戴个人防护用具，向上风口方向转移，要有专人引导和护送疏散人员到安全区，查清是否有人留在污染区与着火区。

避险：事故发生后根据火焰辐射和毒气扩散所涉及的范围建立安全警戒区，并设专人警戒，除消防及应急处理人员外，其他人禁止进入警戒区，区域内严禁烟火。

急救：当现场有人受到伤害时应迅速将患者脱离现场至空气新鲜处；呼吸停止时立即进行人工呼吸；当人员发生烧伤时，迅速将患者的衣服脱去，送往医院。

6.4.2.2　硫化氢泄漏的应急处理措施

油气处理装置出现含硫天然气泄漏时，如不及时进行处理，后果是相当严重

的，可能会造成很高的经济损失、恶劣的社会影响甚至人员伤亡。一旦出现含硫天然气泄漏，我们应该从两方面进行处理：一方面是针对泄漏的应急处理措施；另一方面是针对硫化氢这种有害、有毒气体的防护和伤害处理措施。

应急处理：一旦发现硫化氢泄漏，应迅速撤离污染区，人员应站在上风处，应急处理人员佩戴正压自给式呼吸器；合理通风，切断电源，喷雾状水稀释、溶解，注意收集并处理废水，防止产生二次污染。

人身保护与伤害处置：空气中硫化氢的浓度超标时，应佩戴正压式空气呼吸器，戴化学安全防护眼镜，穿相应的防护服；进入容器或高浓度作业区时，必须有人监护；当有人中毒时，在保证自身安全的前提下，迅速将患者移离中毒现场至空气新鲜处，松开衣领，气温低时应注意保暖，密切观察其呼吸和意识状态。对呼吸、心跳停止者同时施行人工呼吸（勿用口对口呼吸）、胸外心脏按压等心肺复苏术，立即给氧，保持呼吸道畅通，短程应用糖皮质激素，及时合理地采用对症、支持等综合疗法。

复习思考题

1. 采气井口装置总成各零部件损坏时，应采取什么样的措施？

2. 什么叫作密闭空间？密闭空间的进入程序是怎样的？进入密闭空间的许可应包括哪些内容？

3. 含硫化氢的井生产过程中应该如何进行取样操作？

4. 在天然气处理厂可燃物、有毒物跑、冒、泄漏，发生火灾或爆炸时应采取怎样的应急措施？

第7章 高含硫化氢气田应急管理

对高含硫化氢气田的开发生产来讲，安全环保管理就是要立足于不发生任何意外，切实做到万无一失。古人讲“先其未然谓之防，发而止之谓之救，行而责之谓之戒。防为上，救次之，戒为下。”全力防止突发性事故的发生固然是头等大事，但是万一出现了险情，也不能束手无策。当前，社会方方面面正在致力于应急救援机制建设和应急预案编制工作，而作为具有高风险特点的高含硫化氢气田开发行业，更应责无旁贷。全力做好高含硫化氢气田应急管理，切实抓好应急体系建设管理，完善应急救援机制，是高含硫化氢气田开发企业的第一要务。

7.1 应急管理总体概述

7.1.1 应急管理的概念

应急管理是从应急准备、应急响应到应急恢复，对各类潜在险情、事故、事件应急救援所进行的全过程管理。也就是从事前、事中、事后对各类潜在险情、事故、事件应急救援所进行的全过程管理。应急管理包括6个有序发展、循环往复的6个阶段，如图7-1-1所示。

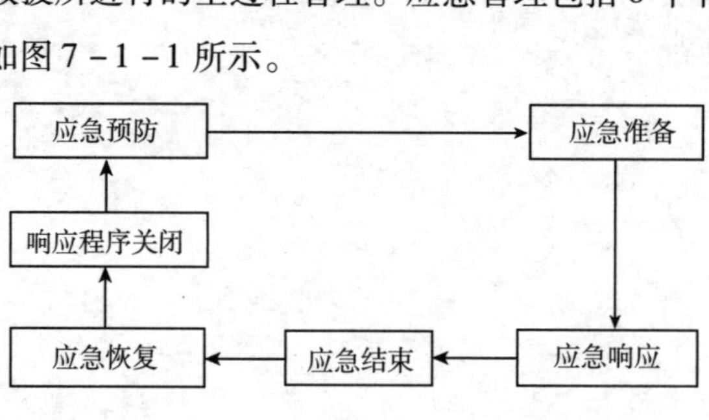

图7-1-1 应急管理6个阶段

7.1.2　应急管理的内容

7.1.2.1　应急预防

从应急管理的角度为预防事故发生或恶化而做的预防性工作。包括以下两层含义：

（1）预防事故发生；

（2）假定事故发生预先拟定要采取的措施，避免事故的恶化或扩大。

7.1.2.2　应急准备

针对可能发生的事故，为迅速有序地开展应急行动而预先进行的组织准备和应急保障。应急准备的内容主要包括以下方面。

（1）应急组织的成立；

（2）应急队伍的建设；

（3）应急人员的培训；

（4）应急预案的编制；

（5）应急物资的储备；

（6）应急装备的配备；

（7）应急技术的研发；

（8）应急通信的保障；

（9）信息渠道的建立；

（10）应急预案的演练；

（11）外部救援力量的衔接；

（12）应急资金的保障；

（13）其他。

7.1.2.3　应急响应

应急响应是在事故险情、事故发生的情况下，在对事故情况进行分析评估的基础上，有关组织或人员按照应急预案所采取的应急救援行动。

7.1.2.4　应急结束

当事故现场得以控制，环境符合有关标准，导致次生、衍生事故隐患消除后，经事故现场应急指挥机构批准后，现场应急救援行动结束。

应急结束特指应急相应的行动结束，并不意味着整个应急救援过程的结束。宣布应急结束之后，还要经过后期处置，即应急恢复，使生产、工作、生活秩序得以恢复，预案得以完善改进，一次完整的应急救援行动才算正式结束。

7.1.2.5 应急恢复

在事故得到有效控制后，为使生产、工作、生活和生态环境尽快恢复到正常状态，针对事故造成的设备破坏，厂房破坏、生产中断等后果，采取的设备更新、厂房维修、重新生产等措施。

7.1.2.6 应急响应关闭

应急恢复阶段完成后，还要做两项工作，即影响评估、预案评审与改进，然后应急响应程序才能关闭。

7.1.3 石油石化企业的应急管理

企业是安全生产的责任主体。加强应急管理体系建设，实现安全生产、保护环境和构建和谐企业，是企业生存和发展的迫切要求，是全面落实科学发展观、坚持以人为本、构建社会主义和谐社会的一项重要举措。在国家“一案三制”（应急预案、应急体制、应急机制、应急法制）应急管理体系建设原则指导下，石油石化企业全面规划和加强应急管理体系建设，初步形成了“统一领导、分工负责、部门联动”的应急管理工作格局。

国家安全生产监督管理总局正式发布的应急预案中，主要有《陆上石油天然气开采事故灾难应急预案》、《陆上石油天然气储运事故灾难应急预案》和《海洋石油天然气作业事故灾难应急预案》等。随着今后工作的深入开展，更多的应急预案将陆续发布执行。

高含硫化氢气田开发所特有的安全环保风险，使得应急管理体系建设更加急迫。在高含硫化氢气田应急体系的建设上，应该牢牢抓住高含硫化氢气田钻井、开发、集输、储运和脱硫净化等各个生产阶段的关键因素，从各个生产组织层面入手，分级编制应急预案，全面建设企业和地方政府、群众联动的应急救援体系，扎扎实实地开展工作，将应急体系建设和预案编制工作落实到位，切实做到万无一失。

7.2　应急体系建设

7.2.1　应急管理的指导思想

以邓小平理论和“三个代表”重要思想为指导，坚持以人为本，全面落实科学发展观和构建社会主义和谐社会的重要战略思想，检查根据“安全发展”的指导原则和“安全第一、预防为主、综合治理”的方针，充分吸收和借鉴国内外成熟经验和先进成果，从国情现状和安全生产的现实出发，统筹考虑中长期发展规划，根据轻重缓急，有计划、有步骤地加强应急救援体制、机制、法制、队伍和装备建设，推动安全生产应急管理工作的全面加强，通过建立运行良好的应急管理体系和较高应急救援水平的应急救援体系，切实提高全社会预防和处置安全生产事故灾难的能力，最大限度地减少人员伤亡和财产损失，为保障国家和人民生命财产安全，保障社会政治稳定，实现全国安全生产形势的进一步稳定好转、国民经济的持续快速协调健康发展和构建社会主义和谐社会作出贡献。

7.2.2　应急管理的工作原则

（一）《国家突发公共事件总体应急预案》确定的原则

（1）以人为本，减少灾害；

（2）居安思危，预防为主；

（3）统一领导，分级负责；

（4）依法规范，加强管理；

（5）快速反应，协同应对；

（6）依靠科技，提高素质。

（二）《国家安全生产事故灾难应急预案》确定的原则

（1）以人为本，安全第一；

(2) 统一领导，分级负责；

(3) 条块结合，属地管理；

(4) 依靠科学，依法规范；

(5) 预防为主，平战结合。

7.2.3 安全生产应急体系框架

完整的应急体系应由组织体系、运行机制和应急保障系统构成。

7.2.3.1 组织体系

组织体系包括：领导决策、管理与协调指挥、应急队伍等组成。

7.2.3.2 运行机制

系统、科学、规范的运行机制是保证应急体系高效运转、应急救援行动准确、实现应急救援目标的重要保障。具体包括：

(1) 应急管理机制：包括业务管理、信息管理、预案管理、队伍管理、培训演练等；

(2) 应急响应机制：包括报警与接警、协调与指挥、现场应急处置、公众动员等。

7.2.3.3 应急保障系统

应急保障系统主要包括：

(1) 通信与信息保障；

(2) 人力资源保障；

(3) 法制体系保障；

(4) 技术支持保障；

(5) 物资装备保障；

(6) 培训与演练保障；

(7) 应急经费保障。

《国家突发公共事件总体应急预案》将突然发生，造成或者可能造成重大人员伤亡、财产损失、生态环境破坏和严重社会危害，危及公共安全的紧急事件，按照其发生过程、性质和机理分为自然灾害、事故灾难、公共卫生事件和社会安全事件。各类突发公共事件按其严重程度、可控性及影响范围等因素分为Ⅰ级（特别重大）、Ⅱ级（重大）、Ⅲ级（较大）、Ⅳ级（一般）。

突发公共事件不是孤立的，而是相互影响甚至关系密切，可能导致重大安全生产生产事故。安全生产的应急救援必须予以高度重视。

7.3　普光气田应急管理

普光气田作为高含硫气田，开发过程中危害因素多、潜在风险大，硫化氢泄漏的风险普遍存在于钻井、试气、集输和等各个生产环节。如何在突发事件发生时，在最短时间内实现事故的有效控制、人员的紧急疏散，如何在危害因素分析基础上，建立健全普光分公司应急预案体系、应急指挥体系、应急救援系统、三级企地应急联动机制、应急抢维修体系、应急救援装备设施配置方案，通过应急演练，不断修订和完善应急预案，有效运行应急指挥系统和救援系统，强化企地应急联动机制，提高人员应急处置能力和应急技能，提升普光气田应急管理水平，这是普光气田应急管理的重要内容，也是国家应急管理工作要求。

7.3.1　应急预案体系

针对普光气田高含硫化氢、山区地貌复杂、人口稠密、安全控制要求高、应急处置难度大等特点，建立了普光分公司应急预案体系。根据《国家安全生产事故灾难应急预案》以及《生产经营单位安全生产事故应急预案编制导则（AQ/T 9002－2006）》等相关标准和规范的要求，编制出满足普光气田实际需要的分公司、厂、车间三级应急预案。通过演练验证了该预案的科学性、针对性、实效性和可操作性。应急预案体系的建立提高了突发事件的应急处置能力，为我国高含硫气田开发应急预案编制提供了模板。

三级应急预案初步实现了“一点一案，一事一案”“横向到边，纵向到底”的应急预案编制要求，填补了国内高含硫气田应急管理的空白。

企业与地方还共同发布了《普光分公司与宣汉县企地联动应急预案》，分公司应急救援中心和四家抢维修单位也分别编写了各自的应急预案。

7.3.1.1　应急预案编制原则、规定和标准

企业应急预案的编制要严格执行国家有关应急预案的编制、规定和标准，通过对国家应急预案的应急预案编制原则、规定和标准分析研究，在普光分公司应急预案的编制须严格遵守《生产经营单位安全生产事故应急预案编制导则》（AQ/T9002－2006）编制要求，预案内容和要素根据《生产安全事故应急预案管理办法》（2009年5月1日，国家安全生产管理总局颁布实施）和《生产经营单位生产安全事故应急预案评审指南（试行）的通知》（安监总厅应急〔2009〕73号）进行了补充和完善。

7.3.1.2　应急预案框架

事故应急管理的过程主要包括预防、预备、响应和恢复4个阶段。应急预防就是为了预防、控制和消除事故对人类生命、财产和环境的危害所采取的各种行动。应急准备主要是指在事故发生之前，所采取的行动。应急准备是应急预案制定下的结果，明确所需应急组织其职责权限、应急队伍的建设和人员培训、应急物资的准备、预案的演习、签订互助协议等。应急响应是在事故发生前及发生期间和发生后所采取的行动。通过发挥预警、疏散、搜寻和营救以及提供医疗服务等应急活动，保护生命财产安全，使人员伤亡、财产损失、环境破坏等减小到最小程度，并有利于恢复。应急恢复就是使生产、生活尽快恢复到正常状态或得到进一步改善所采取的行动。恢复工作应在事故发生后立即进行的，它首先使事故影响地区恢复最基本的功能，然后继续努力使整个地区全面恢复正常状态。要立即开展的应急恢复工作包括事故损失评估、废墟清理、生活用品的供应等。

事故的应急管理过程要求包括应急预案框架的主要内容，才能够实现整个应急管理系统全面系统地协调运作和快速应急响应，综合分析《中原油田重特大事故应急预案》《中国石油化工集团公司重特大事故应急预案》，按照《生产经营单位安全生产事故应急预案编制导则》（AQ/T9002－2006）中的编制要求和生产经营单位生产安全事故应急预案评审指南（试行）的通知》和评审要求（安监总厅应急〔2009〕73号）确定了普光分公司两级综合预案、专项应急预案和现场处置方案框架。

综合应急预案共包括十二部分。第一部分为总则部分，第二部分为危险性分

析，第三部分为组织机构与职责，第四部分为预防与预警，第五部分为应急响应，第六部分为信息发布，第七部分为后期处置，第八部分为保障措施，第九部分为培训与演练，第十部分为奖惩，第十一部分为附则，第十二部分为附件。综合应急预案框架如图 7－3－1 所示，分公司专项应急预案框架如图 7－3－2 所示，现场处置方案流程如图 7－3－3 所示。

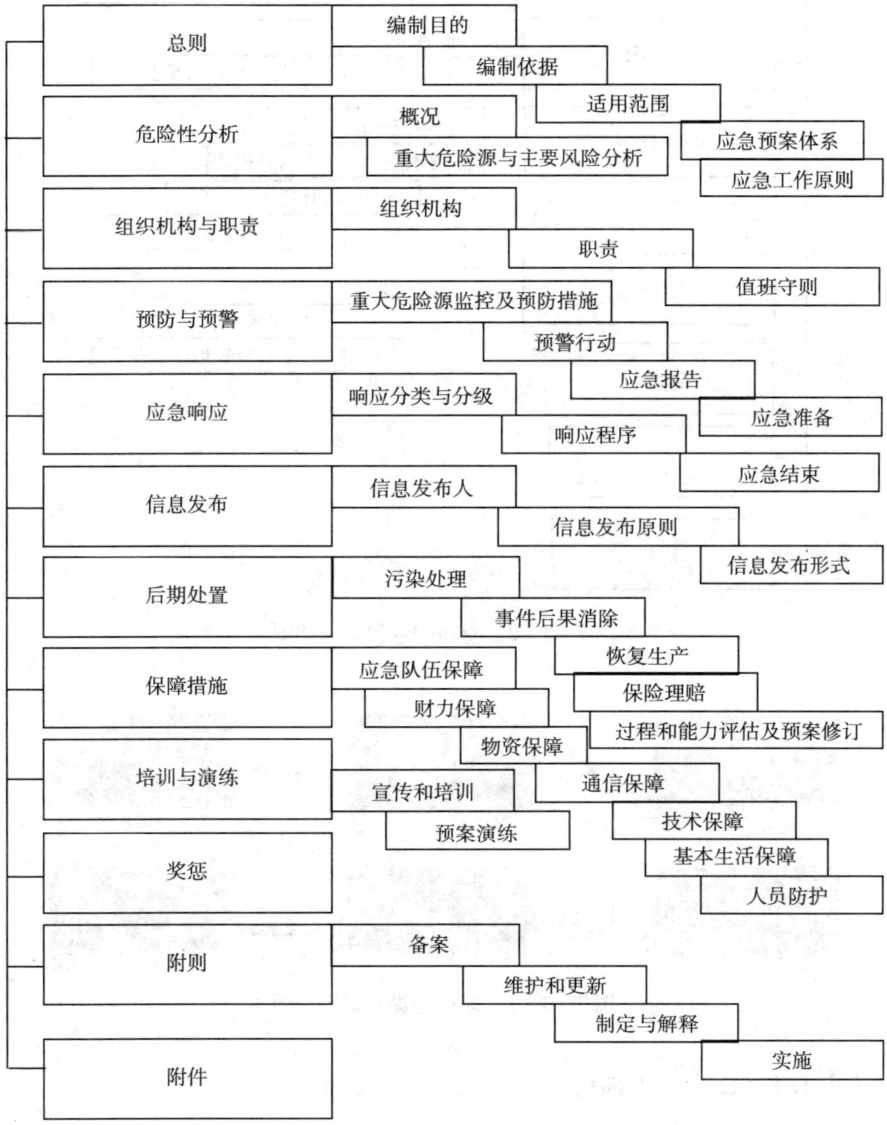

图 7－3－1　综合应急预案框架图

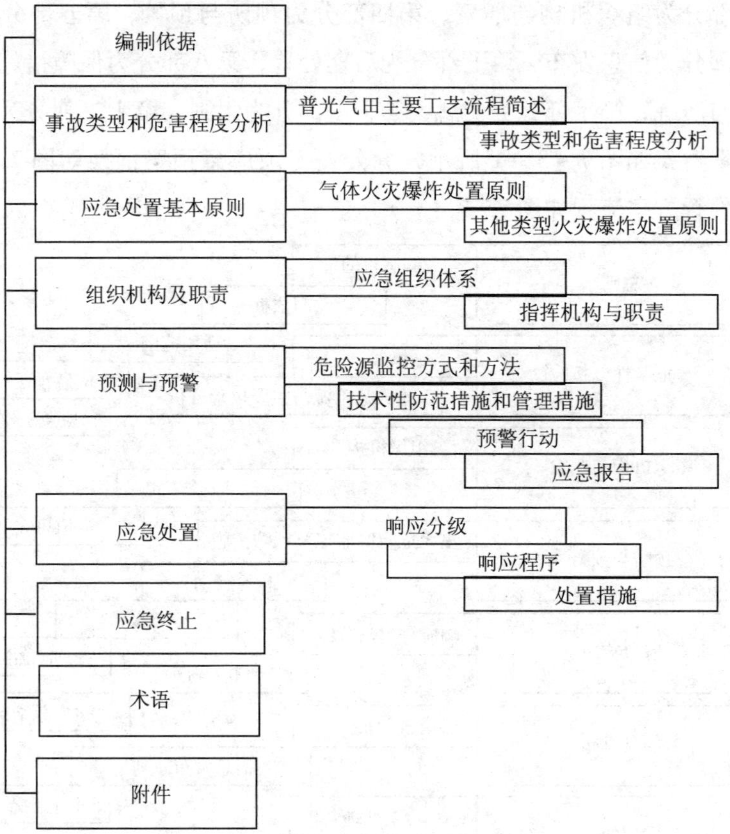

图 7－3－2　专项应急预案框架图

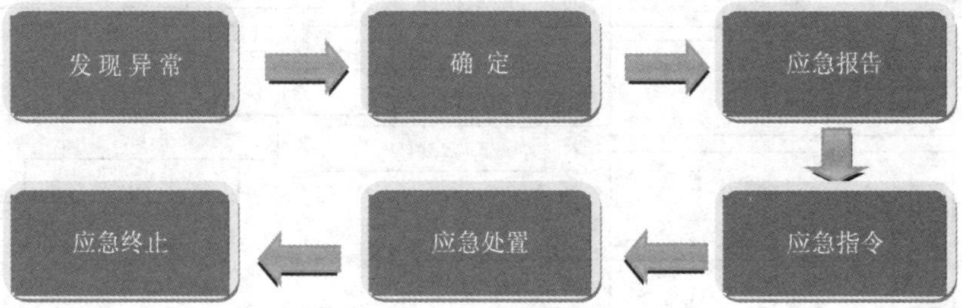

图 7－3－3　现场处置方案流程图

7.3.1.3　应急组织机构

分公司应急组织机构依据机关部门分工，按照应急管理和处置的需求，结合人员的专业知识和技能，本着应急工作快速、及时、有效和协调一致等原则进行分工协作。分公司应急组织机构如图 7－3－4 所示。

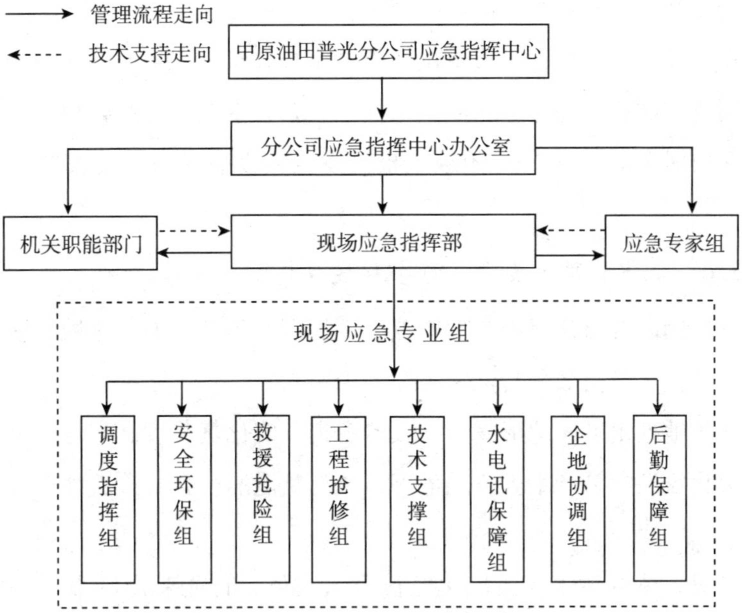

图 7－3－4　分公司应急组织机构框架图

7.3.1.4　应急响应级别

应急响应合理分级是有效调动应急救援力量，快速响应突发事件应急处置的关键。结合普光气田目前的配置情况和地理位置特点，应急响应分为五级。即Ⅰ（中国石化）级、Ⅱ（油田）级、Ⅲ（分公司）级、Ⅳ（厂）级、Ⅴ（车间、区）级。

分级的原则为：

Ⅰ（中国石化）级、Ⅱ（油田）级：按照油田应急预案分级标准执行。

Ⅲ（分公司）级：依靠分公司自身力量和依托的其他社会资源可以解决的较大事件。

Ⅳ（厂）级：依靠厂自身力量可以解决的较大事件。

Ⅴ（车间、区）级：依靠车间（区）现有的人员和设施可以解决的一般事件。

7.3.1.5 应急报告及应急指令

应急报告要在规定时间内完成，为突发事件的处理争取外援争取最佳时间，应急指令的下达保证在最短时间内得到实施。

发生Ⅳ级及以上事件，事发单位在启动本单位应急预案的同时，15 分钟内，按照分公司规定的程序向分公司应急指挥中心办公室报告，报告程序原则上应逐级上报，必要时车间（区）可越级上报。发生突发事件时，要按照程序下达应急指令。

7.3.1.6 硫化氢事故类型及危害程度分析

普光气田因高含硫化氢的自然特点，事故主要类型分为：腐蚀泄漏、工艺管线及设备管线损坏及失效、自然灾害和人为因素等。

普光气田地处山区，地形复杂，人口密集，硫化氢浓度高、压力大，居民疏散困难，硫化氢泄漏易产生大范围危害，硫化氢泄漏后会对人、牲畜及环境等造成危害。

硫化氢对人体的危害：当硫化氢被吸入人体，首先刺激呼吸道，使嗅觉钝化、咳嗽，严重时将其灼伤。其次刺激神经系统，导致头晕，丧失平衡，呼吸困难，心跳加速，严重时，心脏缺氧而死亡。硫化氢进入人体，将与血液中的溶解氧产生化学反应。

硫化氢对环境的危害：硫化氢扩散后，如果溶于水，可对河流和植物造成一定危害；紧急情况下，放空点火和失去控制时采取燃烧方式，燃烧后可以降低硫化氢的毒性，但同时产生的二氧化硫又是有毒气体和大气污染物，对环境的影响和危害非常大。

硫化氢泄漏极易发生人员中毒事件，并且随着硫化氢的扩散，可能导致较多的人员中毒和火灾爆炸等次生事故。

7.3.1.7 应急处置原则

（1）硫化氢泄漏事故应急处置原则。

① 岗位人员应急处置原则：

先保护，后确认；先处置，后汇报；先控制，后撤离。

先保护，后确认指在个人确保安全的前提下进行确认。

先处置，后汇报指进行技术处置，然后按程序汇报。

先控制，后撤离指站场人员撤离时首先将站场关断，然后撤离。

② 工艺应急处置原则：

迅速关断，切断气源，控制含硫化氢天然气体总泄漏量。

能保压，不放空；能放空，不外泄。

③ 后期处置原则：

先监测，后洗消，恢复生产要安全。

（2）火灾爆炸事故应急处置原则。

① 气体火灾爆炸处置原则：

气体泄漏源处着火首先切断气源，控制泄漏量，并对着火点周边装置采取降温、防爆措施；灭火时根据现场情况采取处置措施。

② 其他类型火灾爆炸处置原则：

坚持“先控制，后灭火”、“救人重于救火”、“先重点，后一般”等原则，按照国家、行业标准、企业标准、规范制定处置方案。

针对普光分公司存在的主要危险有害因素进行风险评价，按照应急预案编制标准和各种应急预案编制要素的分析研究，结合合普光气田高含硫化氢的特点，使应急预案能够覆盖普光气田主要危险因素和风险，做到“一点一案，一事一案”。应急预案能够实现从场内到场外的呼应，从上游到下游的衔接，做到“横向到边，纵向到底”。分公司应急预案体系如图 7－3－5 所示。

7.3.1.8　应急响应基本程序

应急响应工作结束后，计划部门事故恢复组负责组织各个救援小组进行事故现场的生产恢复工作。生产技术管理部负责生产恢复期间的人员组织调度和生产调整工作。HSE 监督管理部负责监察生产恢复过程，杜绝生产恢复期间的事故隐患。事故发生主管单位的领导负责事故现场的清洁、整理和生产恢复工作。

事故应急结束后，应对事故进行及时的调查，查找事故发生的原因，找出作

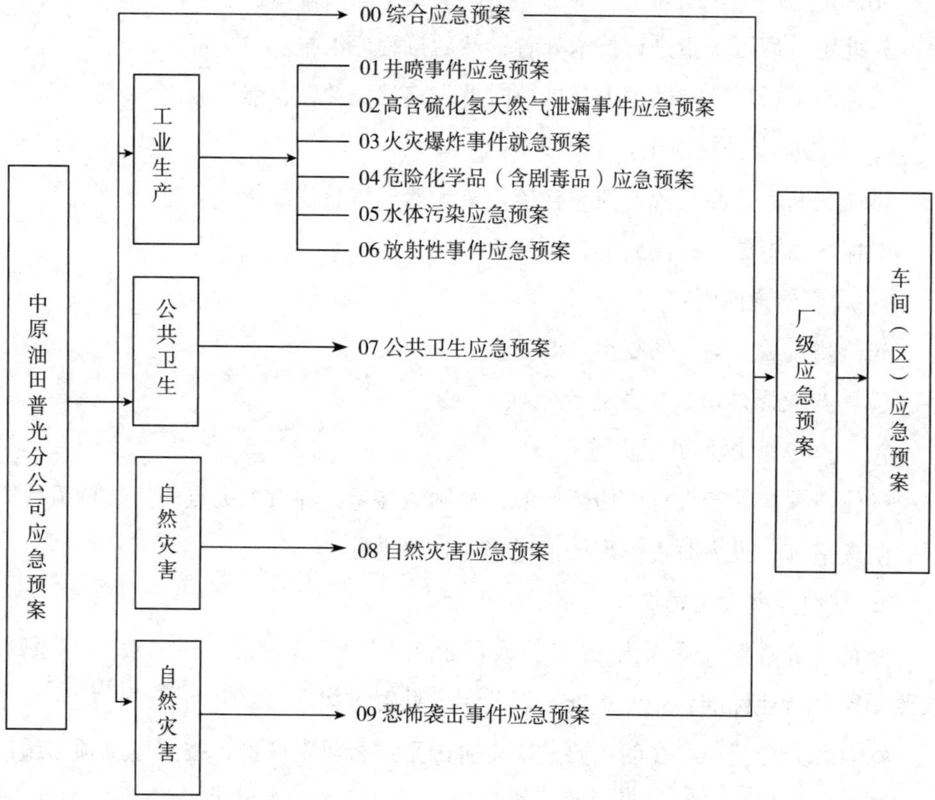

图 7－3－5　普光分公司三级应急预案

业程序、工作环境或安全管理中需要改进的地方，以避免事故再次发生。普光分公司按有关规定和标准，对在事故和应急救援中对员工、公众、环境、承包商等造成的损失达成赔偿协议，并依据协议进行赔偿。

应急响应基本程序如图 7－3－6 所示。

7.3.2　应急指挥体系

普光分公司应急指挥体系成立以调度为中心的分公司、厂两级应急指挥系统。分公司应急指挥中心是分公司应急管理的最高指挥机构，负责突发事件的应急工作。厂级应急指挥系统分别由中心控制室、采气厂、净化厂、应急救援中心调度室组成。通过系统预警、预报实现检测监控，发生Ⅳ级及以上事件，事发单位在启动

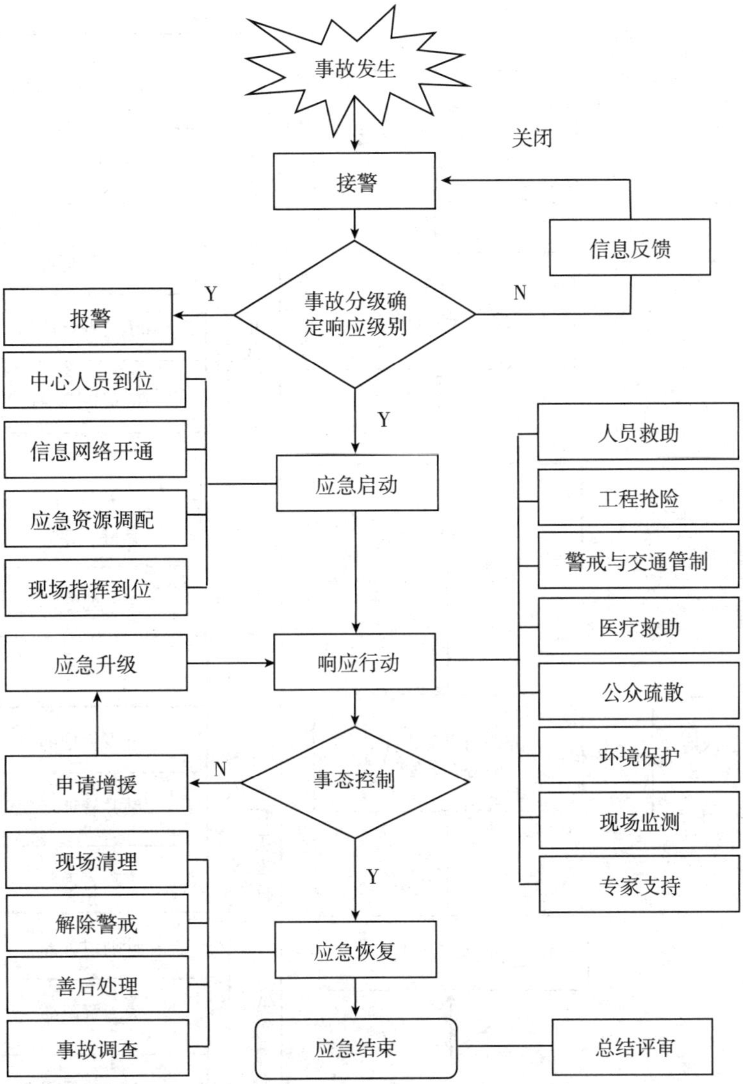

图 7－3－6　应急响应基本程序

本单位应急预案的同时，及时上报，应急指挥中心启动应急准备，根据响应分类分级，启动相应的相应程序和预案，按照指令下达程序、应急行动程序进行响应，满足应急预案终止条件时，分公司应急指挥中心可下达应急终止指令。

分公司应急报告程序框图如图 7－3－7 所示。

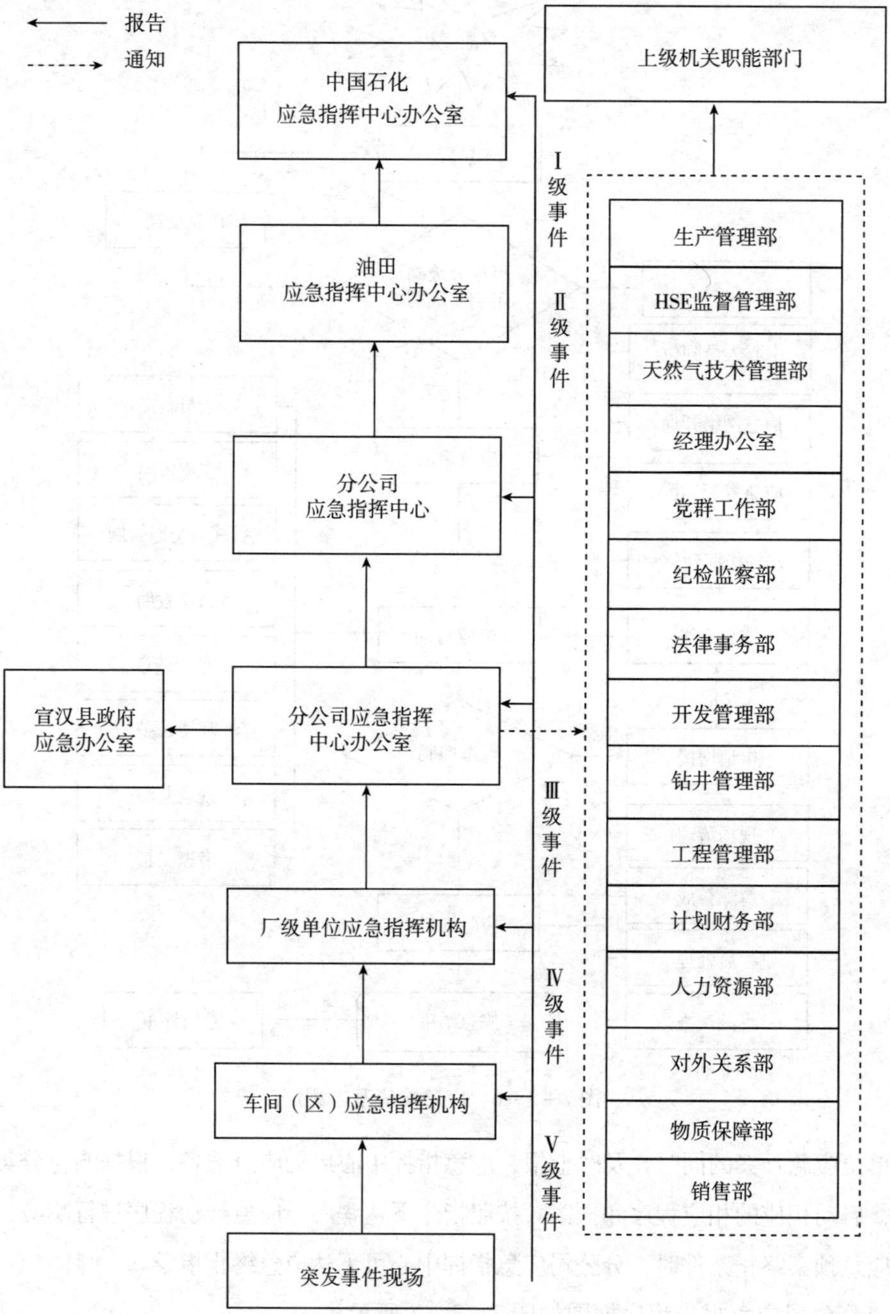

图7-3-7　分公司应急报告程序框图

分公司应急指令下达程序框图如图 7－3－8 所示。

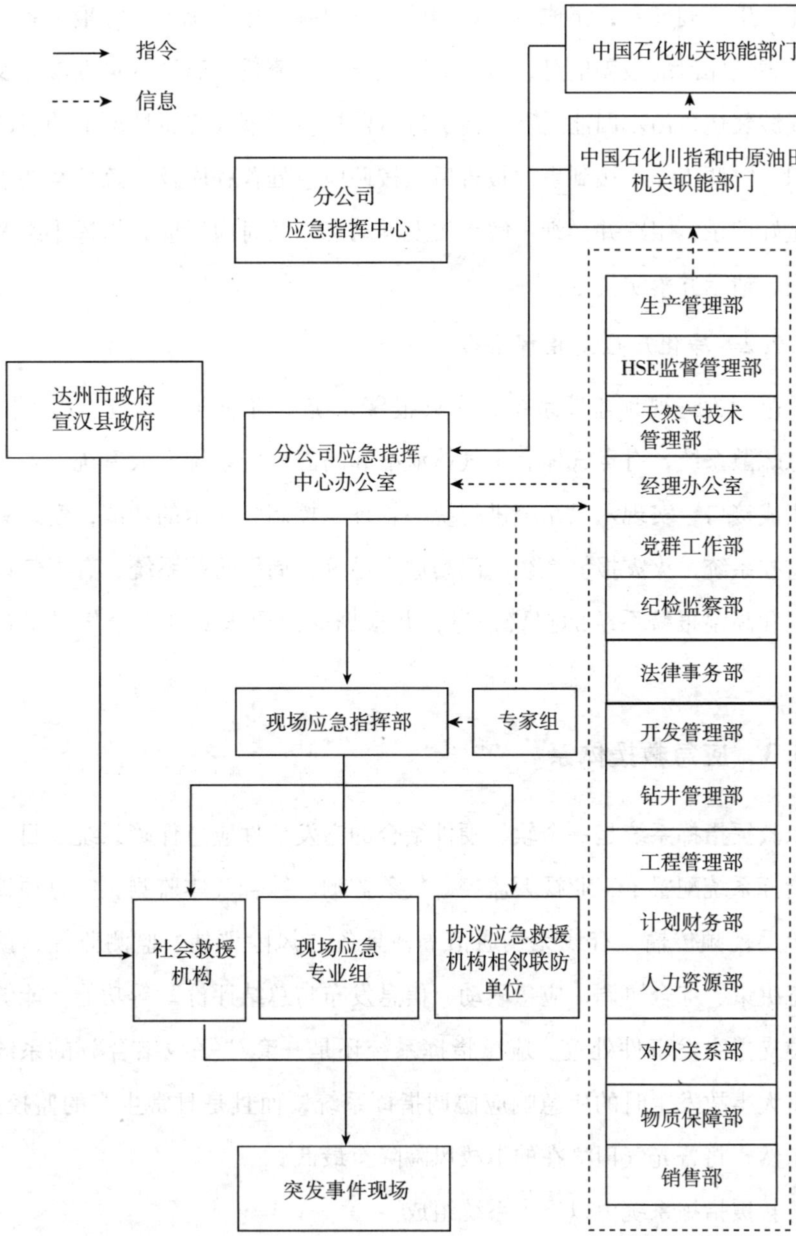

图 7－3－8　分公司应急指令下达程序框图

7.3.2.1　采气厂应急指挥平台

依托厂生产调度室，集成生产数据监控，视频监控系统、火灾报警系统、有毒气体有害气体泄漏报警信息，对集输系统压力、流量、温度等重点参数及污水处理、残酸焚烧、污水回注运行等情况进行监控，对事故应急情况下的事故处置进行组织、协调工作，接到事故报告后，按照应急处置程序及应急预案要求进行处置并做好记录，跟踪并详细了解事故发展动态，及时向厂应急指挥小组及上级部门汇报、请示并落实指令。

7.3.2.2　净化厂应急指挥平台

涵盖范围为：视频监控系统、火灾报警系统、门禁逃生系统、周界防范系统、应急疏散系统、有毒气体有害气体泄漏和高温报警系统六大系统，各系统提供统一集成接口，实现六大系统进行统一管理、控制和显示的功能，使之集中显示视频监控系统、火灾报警系统、门禁逃生系统、周界防范系统、有毒气体有害气体泄漏和高温报警系统的报警信息，并根据应急要求实现安全集成平台联动功能。

7.3.3　应急救援体系

应急救援指挥系统是一个软、硬件结合的突发事件应急保障系统。目前，应急救援指挥系统配置了工业视频监控、气象监测、综合气体监测、应急预警短信平台、单兵视频传输、有线无线通信等，具备“风险评估、监测监控、预测预警、动态决策、综合协调、应急联动、信息发布与总结评价”等功能，能够全过程全方位支撑突发事件处置。应急指挥系统还是一套“平战结合”的系统，不仅仅是重大事故发生时的应急响应协调指挥系统，而且是日常生产的监控系统，防患于未然，将普光气田潜在的事故风险降至最低。

应急救援指挥系统由以下子系统组成。

应急救援指挥系统结构示意图如图 7－3－9 所示。应急救援指挥系统示意图如图 7－3－10 所示。应急救援体系响应程序如图 7－3－11 所示。

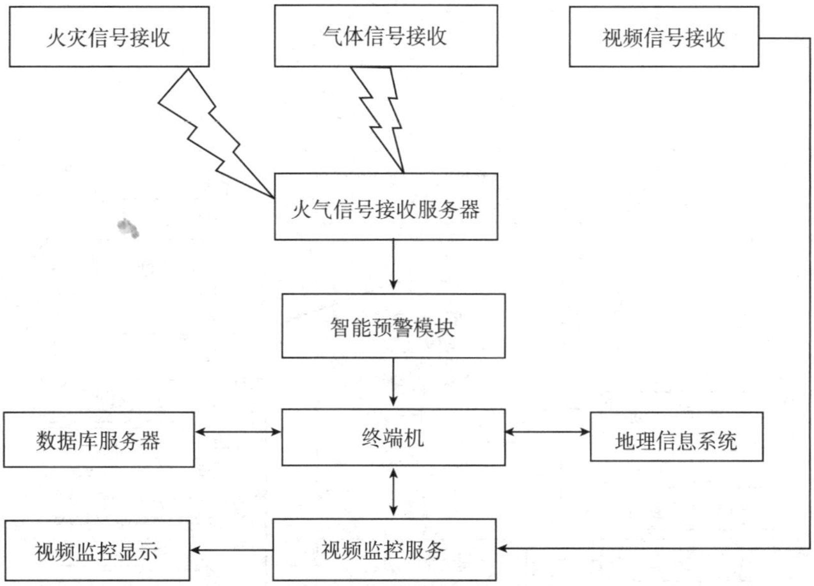

图 7－3－9　应急救援指挥系统结构示意图

图 7－3－10　应急救援指挥系统示意图

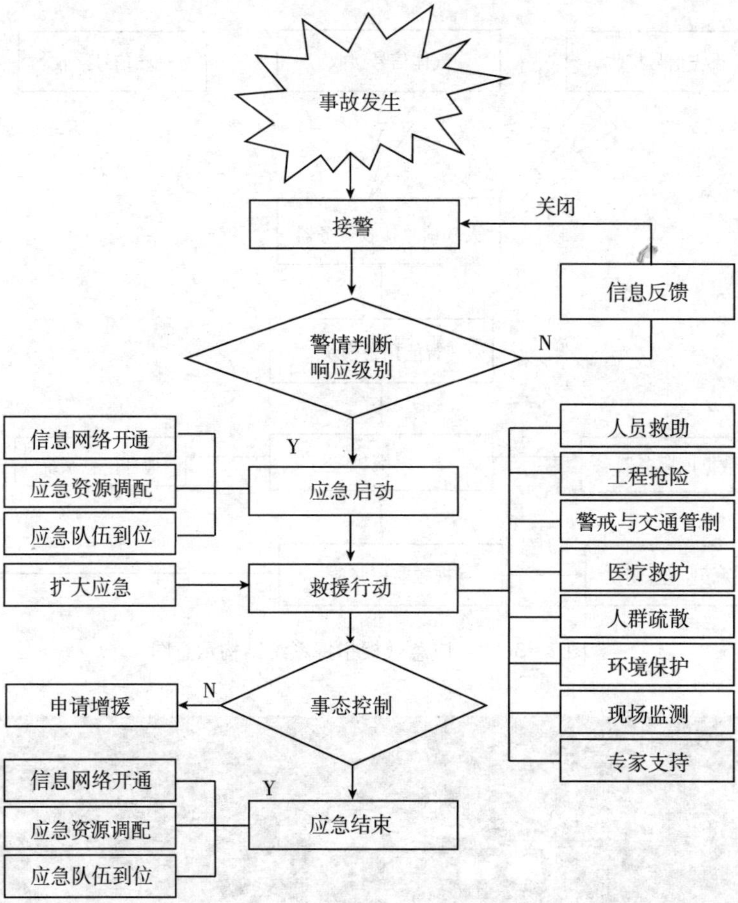

图 7－3－11　应急救援体系响应程序

7.3.2.4　三级企地应急联动机制

三级企地应急联动机制的目的是当发生突发事件时，为了使危险源周边的群众能够在最短时间内有序、高效地撤离至安全区域；可以最大程度地减少突发事件造成的人员伤亡、财产损失、环境破坏和社会影响；加强安全信息的快速告知传递，避免错误信息流传，减少对百姓正常生活的干扰；促进厂、站以及普光镇、土主镇安全、和谐发展，保证周边群众安全。与乡镇签订应急联动协议，通过把应急管理工作落到基层、落到实处，提高了村民应急疏散能力。结合普光气田周边村民居住情况，积极探索村民疏散新模式，建立确定了分公司与宣汉县的一级应急疏散联动，厂与乡（镇）的二级应急疏散联动，站与村的三级应急疏散联动模式。

7.3.2.5　应急抢维修体系

目前，普光分公司应急抢维修体系由 4 家抢维修单位组成。分工见表 7－3－1。

表 7－3－1　采气、净化厂抢维工作分配

序　号	应急抢维修单位	应急抢修位置	人数	抢修机具、设施（台）
1	中原井下	采气厂气井井口	48	配备相应的试气作业装备、XJ200 模块修井机组
2	中原油建	采气厂站场和管道、净化厂工艺管网	199	二弧焊机、X 射线实时成像系统、液压坡口机、光缆测试机等保运维修设备，共计 750 余项
3	重庆金维	净化厂第一、二、三联合及公用工程装置	170	自动往复式锯管机、氩弧/手工逆变弧焊机等设备机具 150 余件
4	岳阳长炼	净化厂第四、五、六联合及硫磺储运装置	175	25T 吊车、普通车床、红外线测温仪等设备工具 70 余件

注：本表数据是 2012 年的数据。

7.3.2.6　应急演练

普光分公司应急演练包括常规演练和专项演练两种。其中，常规演练分为 4 个级别：分公司级应急演练每年举行一次，厂级应急演练每半年举行一次，车间、区级应急演练每月举行一次，班组、站场应急演练每星期举行一次；专项演练是结合工作重点和重要危险风险因素开展，如要结合装置检修开展检修前和开工前应急演练等。

复习思考题

1. 应急准备主要内容有哪些？
2. 应急管理主要内容有哪些？

3. 什么是“一案三制”?

4. 公共突发事件分哪几级?

5. 普光分公司应急响应分级原则是什么?

6. 硫化氢泄漏事故岗位人员处置原则是什么?

7. 硫化氢泄漏事故工艺处置原则是什么?